Tatting Lace Lesson Book

盛本知子最详尽的

梭编蕾丝入门教程

〔日〕盛本知子 著

蒋幼幼 译

河南科学技术出版社

·郑州·

Introduction
序　言

我的母亲藤户祯子是一名梭编蕾丝艺术家，总是坐在餐桌前愉快地进行创作。
小时候，我只觉得这是生活中极为普通的一个场景。
母亲既没有手把手教我梭编的方法，我也不曾跟随母亲在教室上课。
即使乘坐新干线，母亲也不忘编织梭编蕾丝。
旁边的乘客若是感叹说："这是什么呀，真漂亮！"她就会将作品送给别人。
或许是潜移默化的原因吧，我也逐渐迷上了梭编蕾丝。
要说创作的宗旨，我一直觉得"最重要的是享受其中的乐趣"。
梭编蕾丝不受时间和地点的限制，无论何时何地，只要你喜欢，都可以"享受梭编的乐趣"。
本书中的梭编方法等都以传统的方法为基础，
能流传至今，一定是经得起考验的。
话虽如此，诸如梭编手法、"编织""编结"等说法，
以及符号和技巧的表现等各方面或许不尽相同。
不要太拘泥于这些，用适合自己的方法享受梭编蕾丝带来的乐趣吧！

为了让更多的朋友了解梭编蕾丝，本书简明易懂地为大家介绍了各种编织技法和应用技巧。
如果能对大家的创作有所帮助，我将感到十分荣幸。

盛本知子

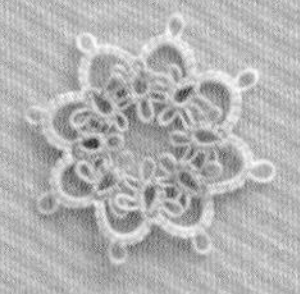

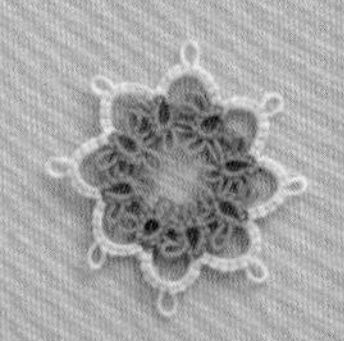

目 录

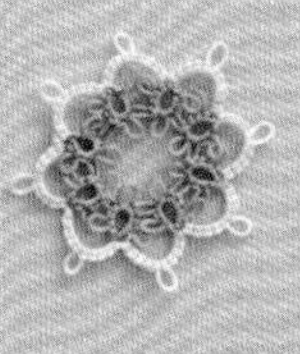
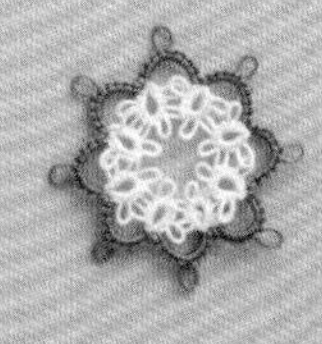

梭编蕾丝样片

Step1 ● 基础的编织方法

螺旋结…*p.25*

锯齿结…*p.25*

由环组成的小花…*p.26*

由桥编成的环…*p.25*

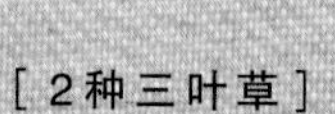

［2种三叶草］

用接耳制作…*p.32*

半环…*p.28*

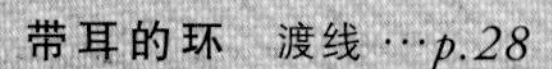

带耳的环　渡线…*p.28*

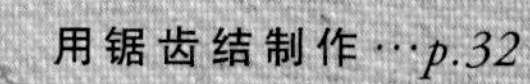

用锯齿结制作…*p.32*

由环组成的小花 通过耳连接花瓣 …*p.33*

由环和桥组成的花片…*p.35*

由环和桥组成的饰边1…*p.35*

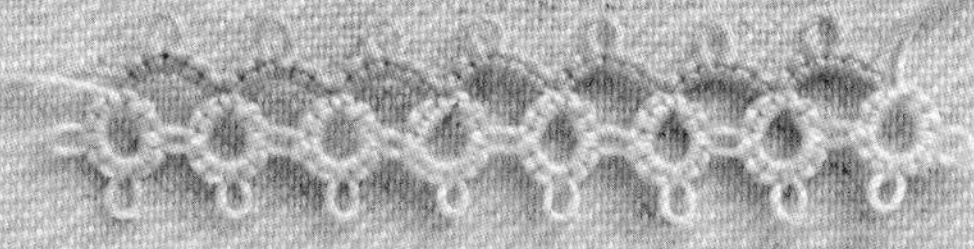

由环组成的饰边 芯线接耳…*p.36*

由环和桥组成的饰边3…*p.37*

由环和桥组成的饰边2…*p.36*

使用线：Lizbeth 20号 蓝色(662) 浅米色(603) 灰色(605)

含桥上环的花片…*p.38*

三层桥的花片 在桥上编织约瑟芬结…*p.39*

由桥组成的饰边…*p.41*

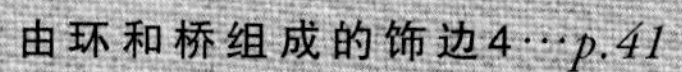

由环和桥组成的饰边4…*p.41*

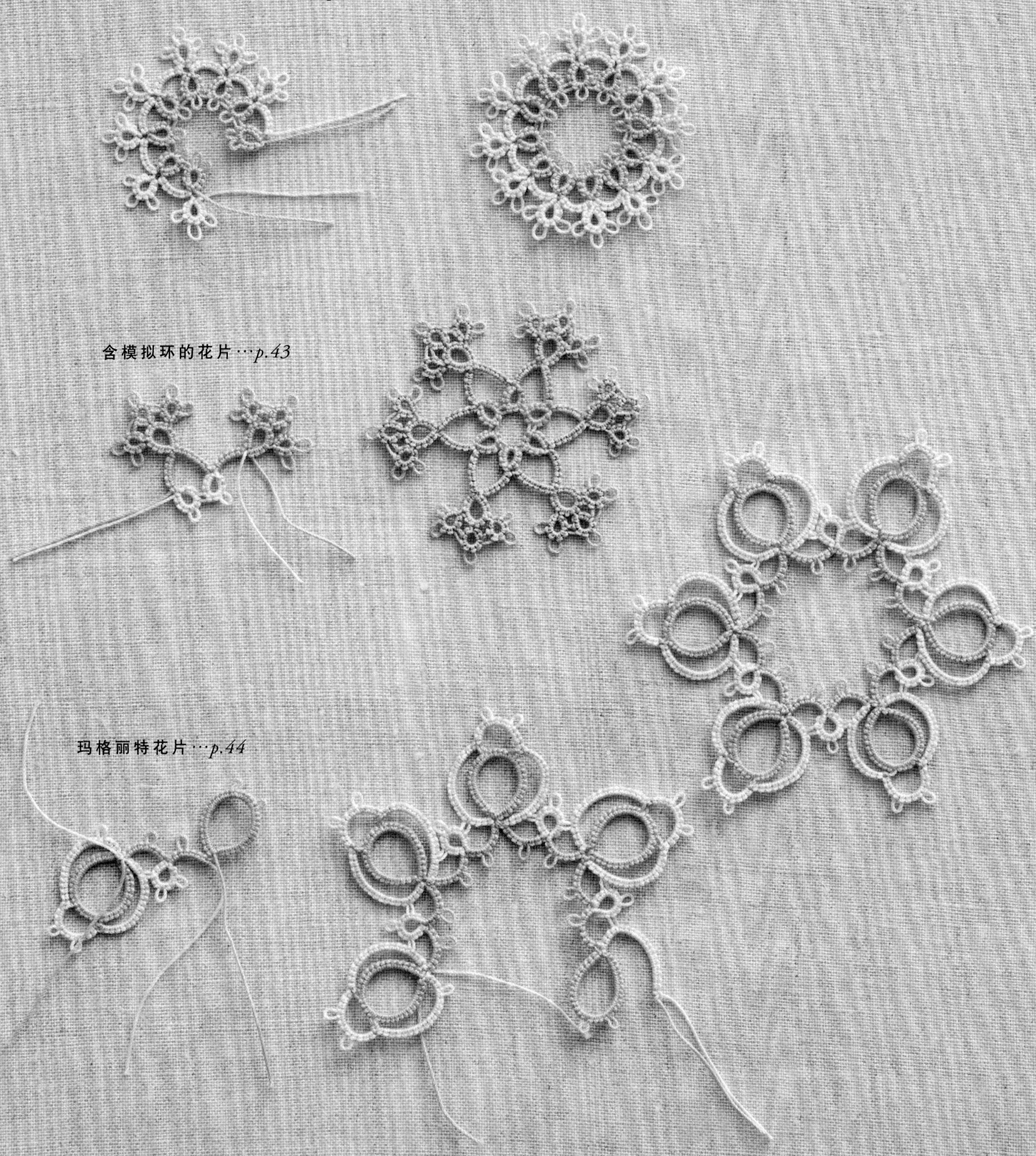

内侧与外侧均为环的花片…*p.42*

含模拟环的花片…*p.43*

玛格丽特花片…*p.44*

使用线：Lizbeth 20号 蓝色(662) 浅米色(603) 灰色(605)

Step2 ● 各种各样的耳和小方块的编织方法

各种耳与接耳的样片…*p.47*

各种各样的耳…*p.50*

双重耳的花片…*p.52*

三角双重耳…*p.52*

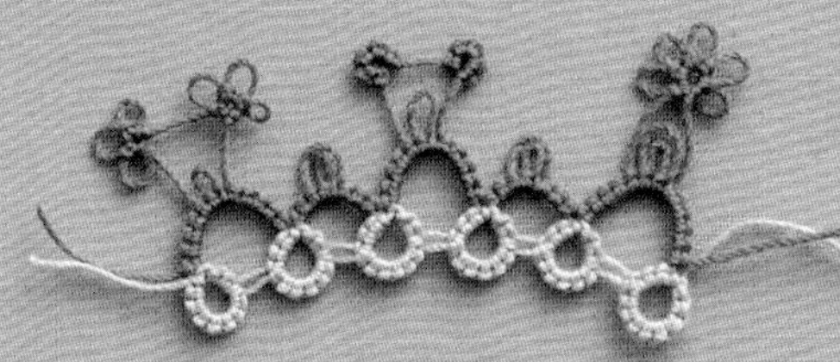

由小方块组成的饰边…*p.53*

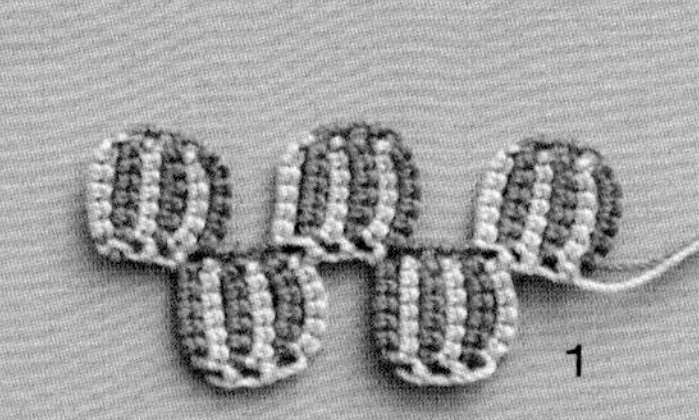

1

含小方块的花片的编织方法…*p.54*

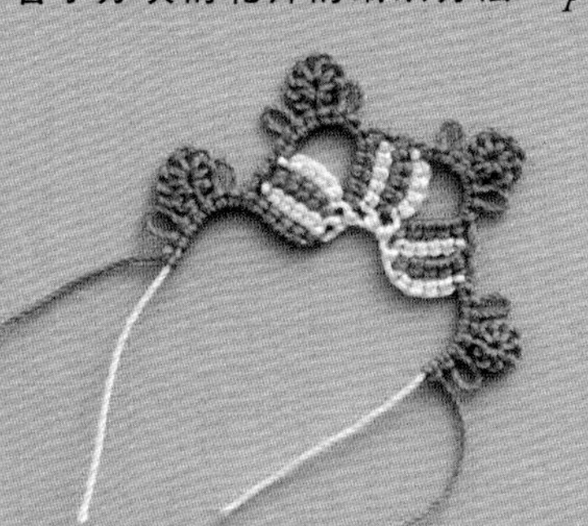

2

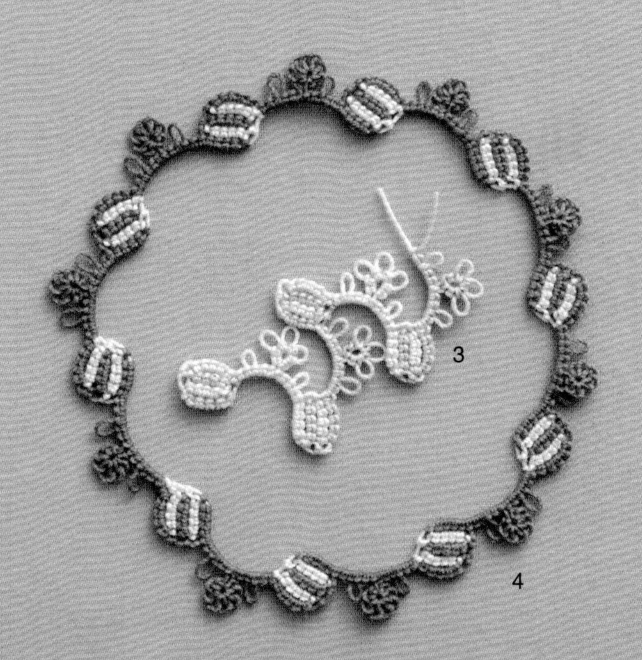

3

4

使用线：Lizbeth 20号 橘色(694) 米色(690) 灰色(605) 浅米色(603)

Step3 ● 应用技巧

由分裂环组成的饰边1…*p.56*

由分裂环组成的饰边2…*p.58*

由分裂环组成的饰边3…*p.59*

由分裂环组成的花片1…*p.59*

由分裂环组成的饰边4…*p.59*

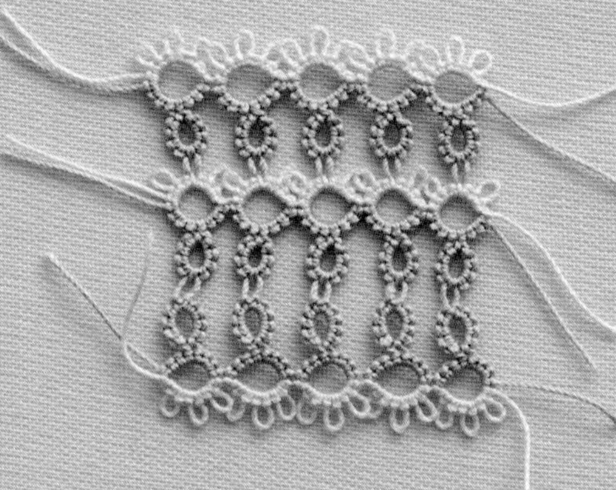

由分裂环组成的花片2…*p.60*

由分裂环编织的连续花片…*p.60*

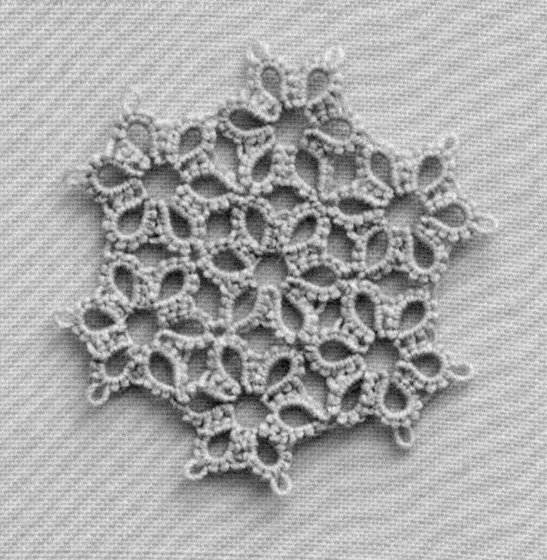

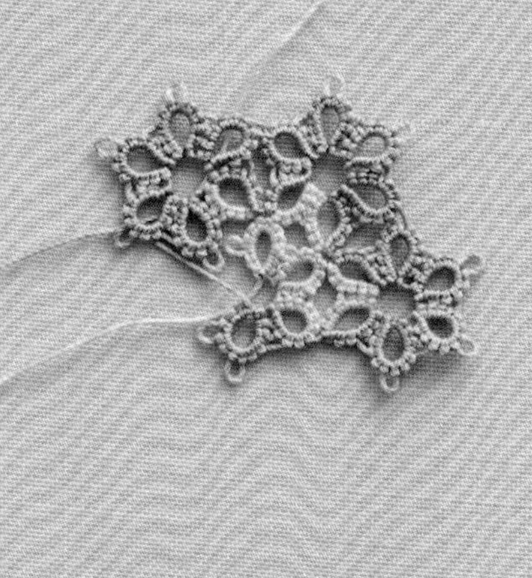

由分裂结编织的花片…*p.62*

使用线：Lizbeth 20号 绿色（680） 浅绿色（683） 米色（690） 浅米色（603） 黄色（613）

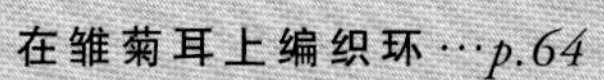

在雏菊耳上编织环 …*p.64*

雏菊耳 …*p.63*

由雏菊耳编织的小花 …*p.63*

分裂桥 …*p.64*

用3根线编织的饰边 使用3个梭子…*p.67*

用3根线编织的饰边（双向梭编）
使用1个梭子和2个线团的线…*p.66*

用3根线编织的花片 使用3个梭子…*p.67*

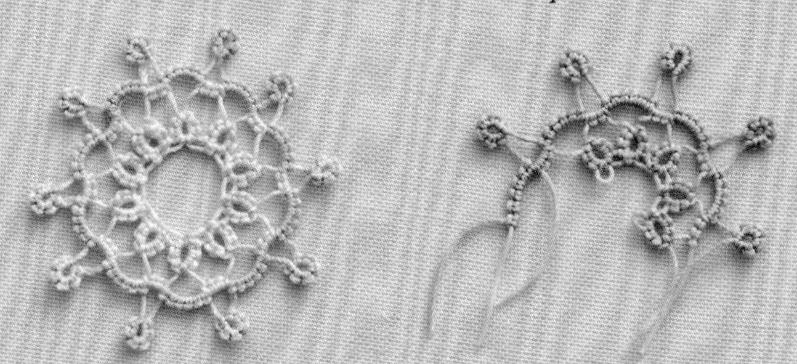

交错编织环的饰边 使用2个梭子…*p.68*

扭转环交错编织的饰边1…*p.68*

交错编织环的花片…*p.69*

扭转环交错编织的饰边2…*p.68*

使用线：Lizbeth 20号 绿色（680） 浅绿色（683） 米色（690） 浅米色（603） 黄色（613）

交错编织的桥1 4色…*p.69*

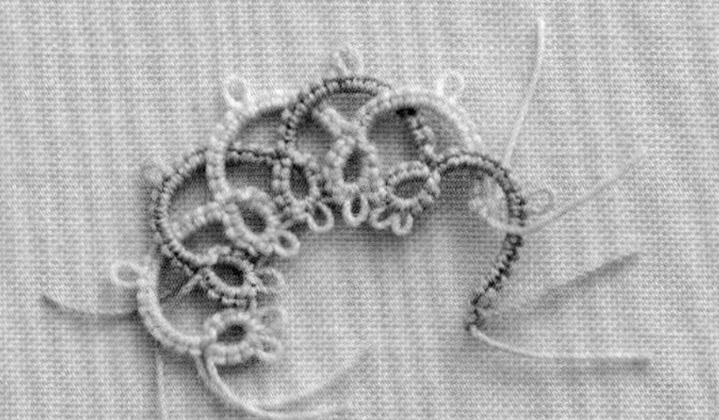

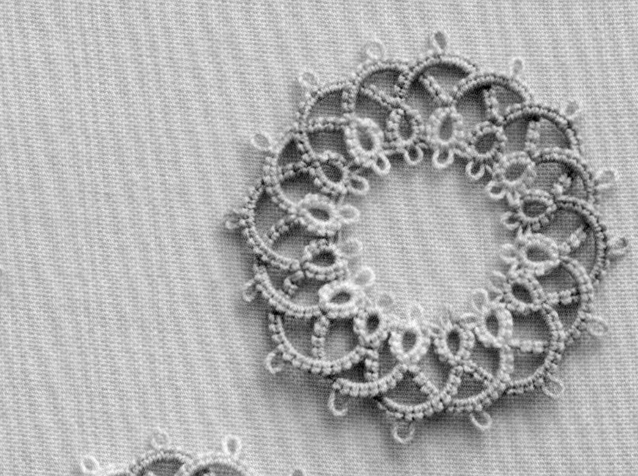

交错编织的桥2 2色…*p.70*

马耳他环…*p.70*

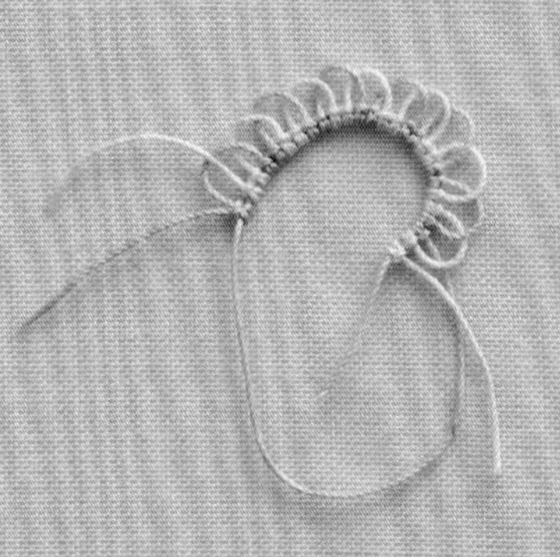

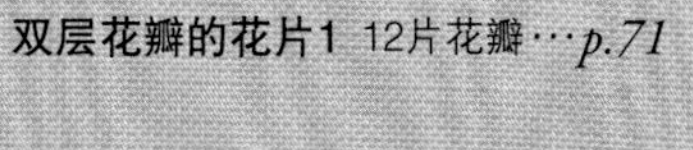

双层花瓣的花片1 12片花瓣…*p.71*

双层花瓣的花片2 8片花瓣…*p.71*

使用线：Lizbeth 20号 绿色(680) 浅绿色(683) 米色(690) 浅米色(603) 黄色(613)

Step 4 ● 穿入串珠的各种方法

●在环上穿入串珠

在芯线上（耳的根部）穿入串珠 …*p.76*

在每个耳上穿入1颗串珠 …*p.74*

在耳上穿入不同颗数的串珠 …*p.74*

在环的根部穿入串珠 …*p.76*

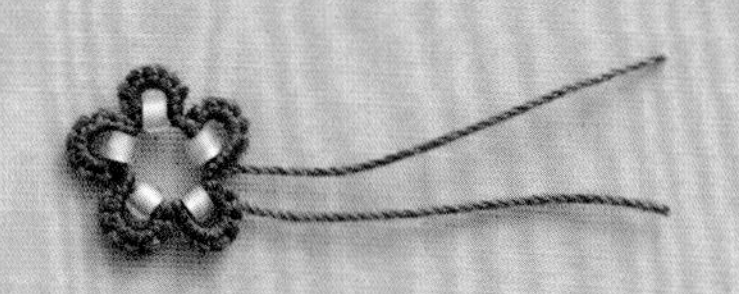

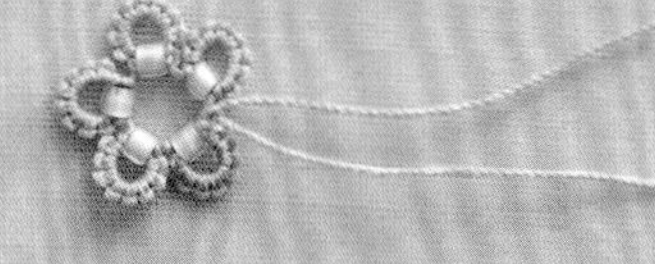

在每个耳上穿入6颗串珠 …*p.75*

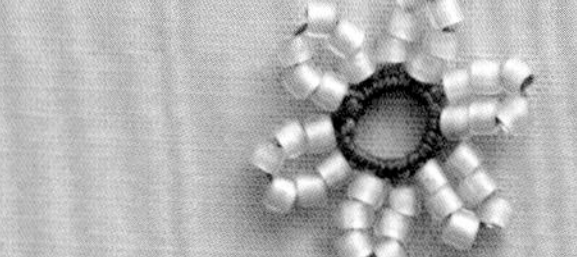

在每个耳上穿入4颗串珠 …*p.75*

在每个耳上穿入3颗串珠 …*p.75*

在耳上穿入串珠的饰边1…*p.77*

在耳上穿入串珠的饰边2 用蕾丝钩针穿入串珠…*p.79*

使用线：Lizbeth 20号 紫色（643） 灰色（605）

在桥上穿入串珠的饰边 …p.80

用3根线一边编织一边穿入串珠的饰边

使用1个梭子和2个线团的线 …p.81

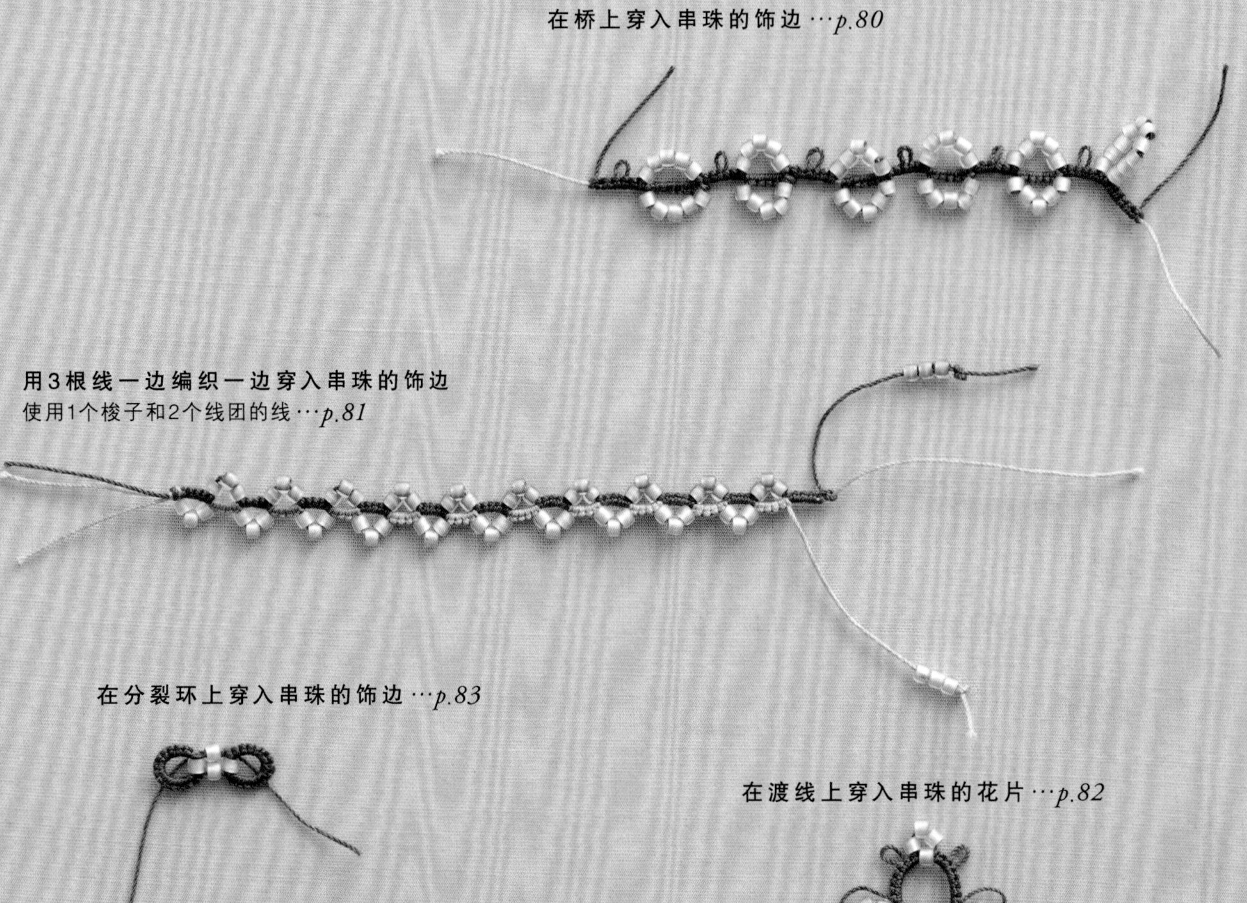

在分裂环上穿入串珠的饰边 …p.83

在渡线上穿入串珠的花片 …p.82

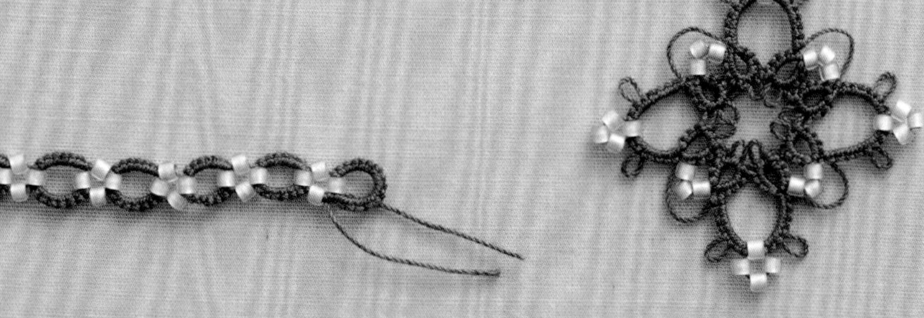

在双重耳上穿入串珠的花片 …p.82

使用线：Lizbeth 20号 紫色(643) 灰色(605)

长款项链和戒指

这是使用3根线一边编织一边穿入串珠的项链。施华洛世奇串珠散发着典雅的光泽。戒指在耳上穿入了串珠，煞是可爱。

使用线：Lizbeth 20号
制作方法：长款项链 p.97
戒指 p.99

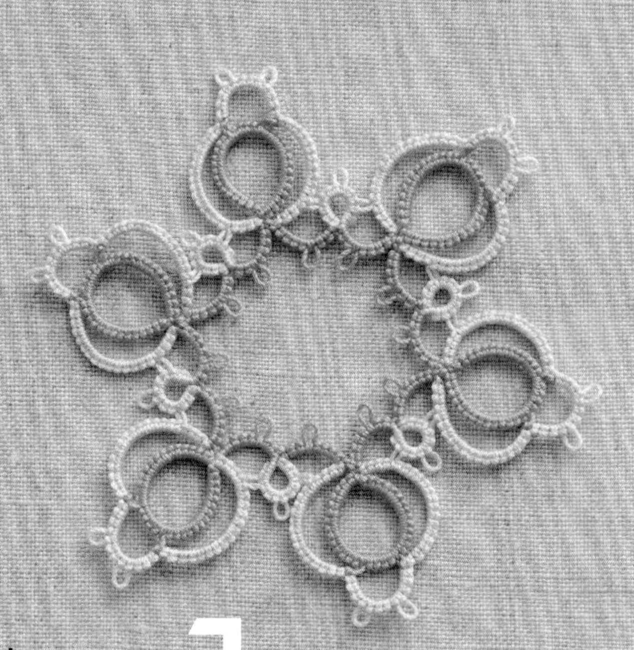

Tatting Lace Lesson

Step 1

基础的编织方法

材料与工具

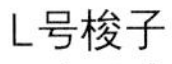

L号梭子

因为尺寸比较大，在缠绕粗线或者需要在梭线上穿入很多串珠时，使用起来更加方便。

梭子

绕上蕾丝线或刺绣线后使用。

蕾丝线

线的粗细不同，完成的作品也会有差异。

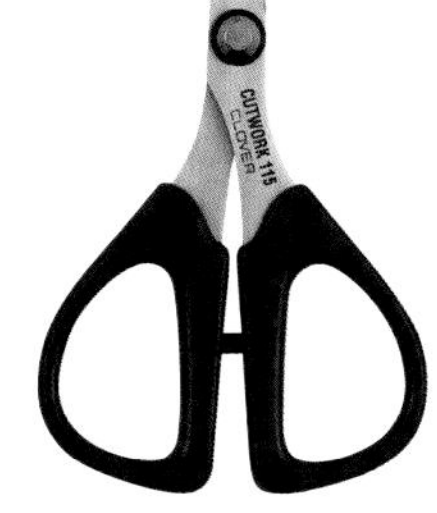

剪刀

建议使用方便修剪细小部位的锋利剪刀。

蕾丝钩针

用于接耳，以及用梭尖很难挑出线的细小部位。

胶水

用于线头处理。

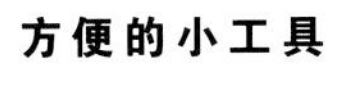

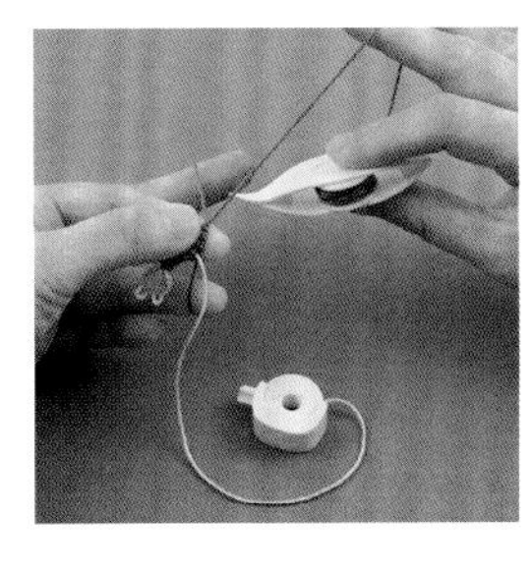

可拆卸梭芯的梭子

因为梭芯可以拆卸，所以换线非常方便。

用线一览 图中的线为实物粗细

[Lizbeth]

40号 25g/团 274m

20号 25g/团 192m

[DMC]

Cebelia 30号 50g/团 约540m

[DARUMA]

60号蕾丝线 10g/团 约125m

[奥林巴斯]

梭编蕾丝线 <细> 约40m/团

金票40号蕾丝线 10g/团 约89m

梭编蕾丝线 <中> 约40m/团

梭编蕾丝线 <粗> 约40m/团

Emmy Grande <Herbs> 20g/团 约88m

Emmy Grande <HOUSE> 25g/团 约74m

在梭子上绕线

准备梭子和线团（或绕线板）。

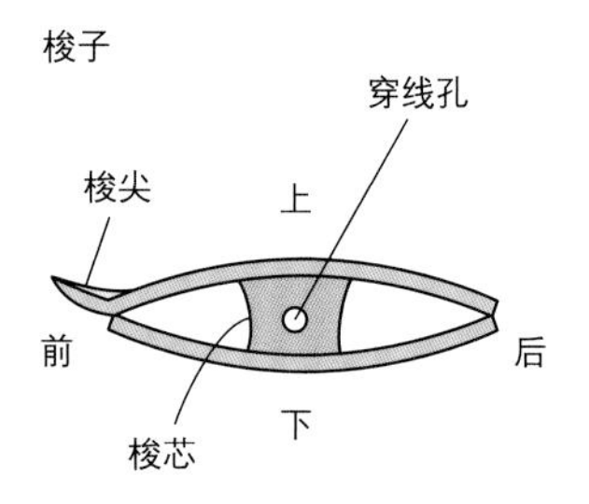

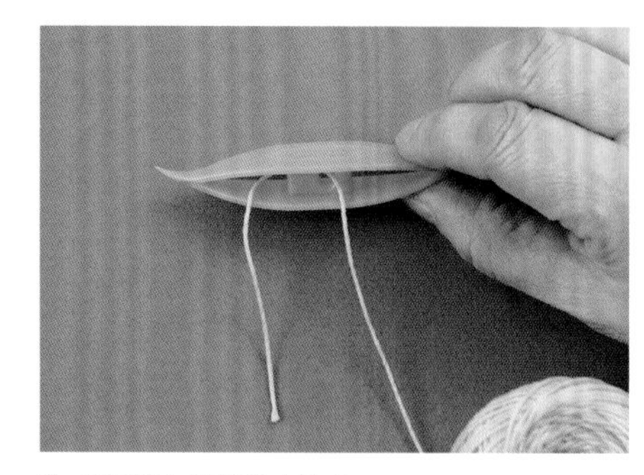

1 将线穿入梭芯的小孔中。

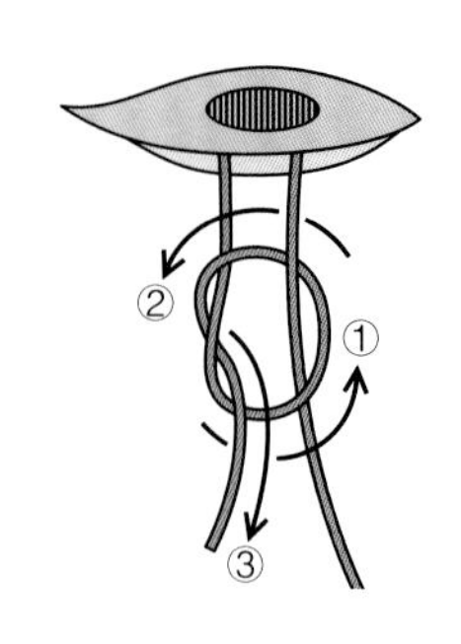

2 按①②③的顺序将线头与线团端的线打结。

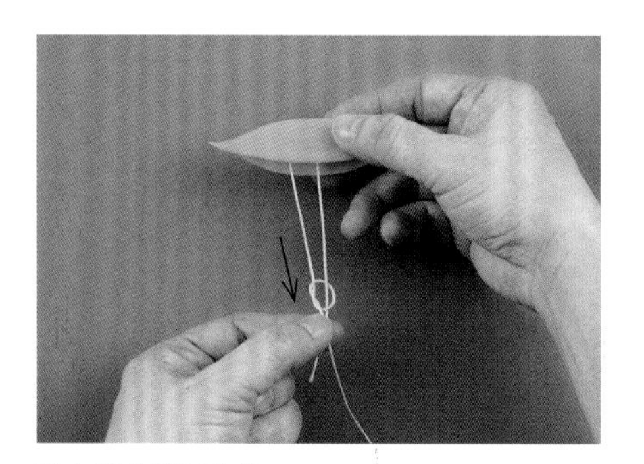

3 如箭头所示拉线。

4 缩小线结。

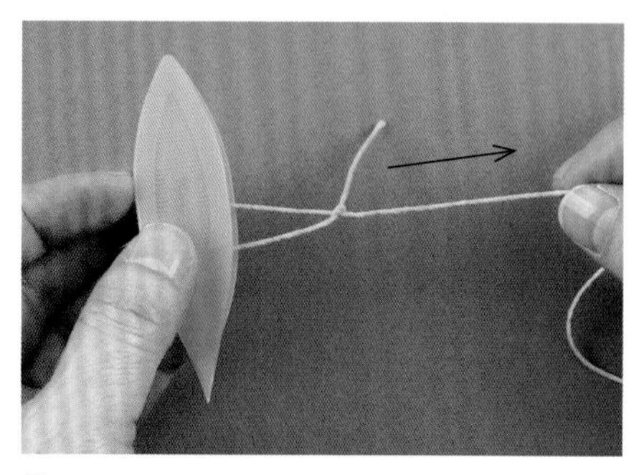

5 如箭头所示拉动线团端的线，将线结拉至梭芯。

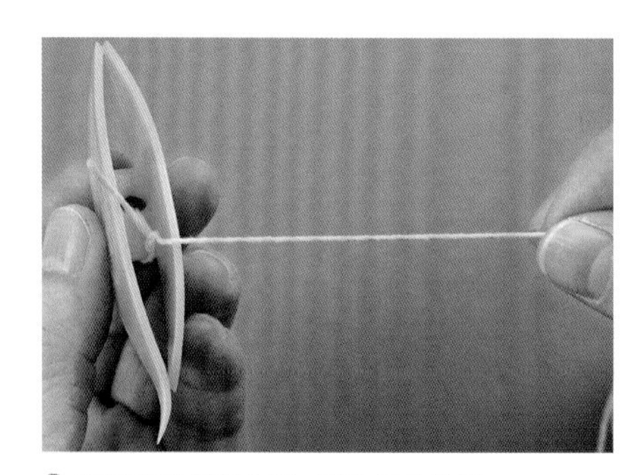

6 注意不要拉得太紧，以免线结散开。

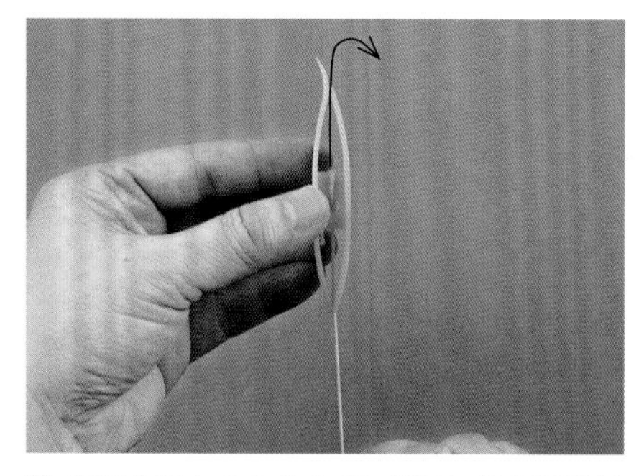

7 将梭尖朝向左上方拿好，然后如箭头所示从前往后绕线。

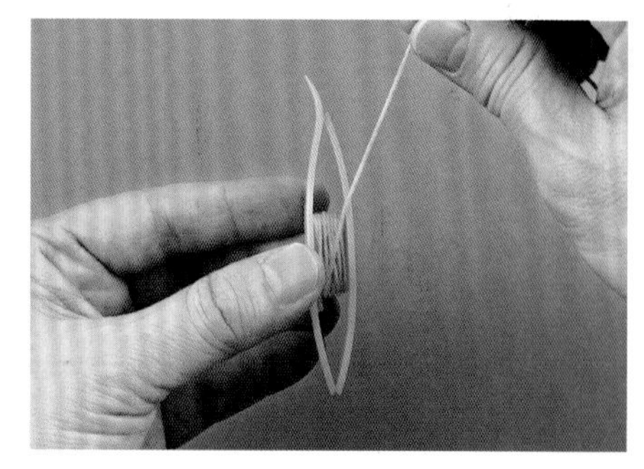

8 绕线量以不超出梭子边缘为宜。

编织桥的基础结(下针和上针)

桥的英语是bridge,也叫chain。

将线团的线挂在左手上

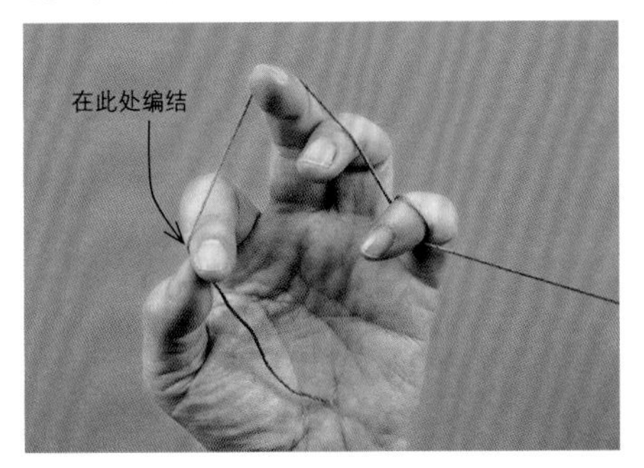

在小指上绕一圈后轻轻勾住。

梭子的拿法

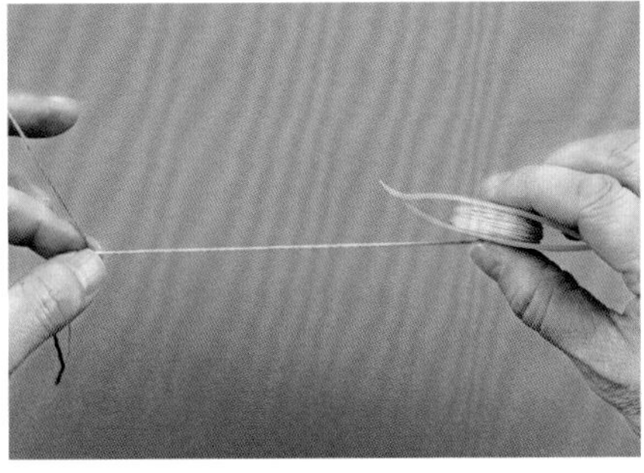

梭尖朝上,用拇指和食指拿好梭子,从梭子后面拉出线。

要领 如果习惯用左手……

梭编蕾丝的第一个难关就是如何编结,其中最难的是左手的动作。而习惯用左手的人就不会有这方面的问题,所以推荐与习惯用右手的人一样操作即可。

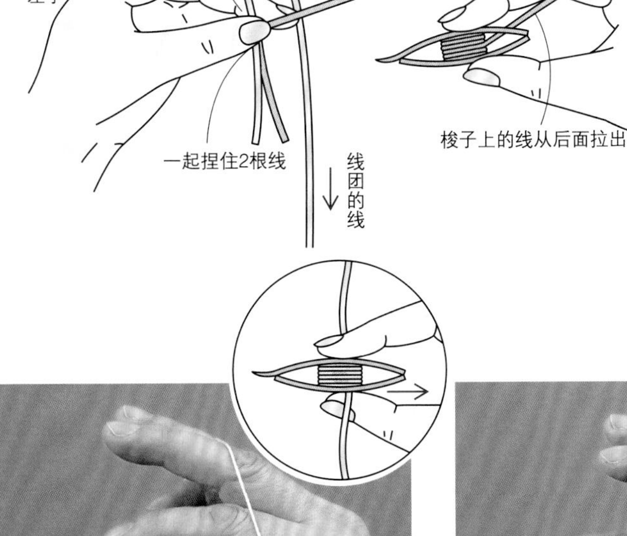

下针的编织方法

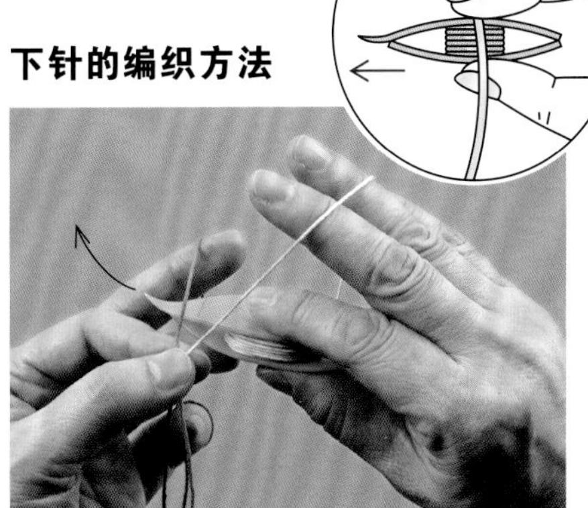

1 将梭子从左手线的下方穿至后面。

2 从线的上方穿回。

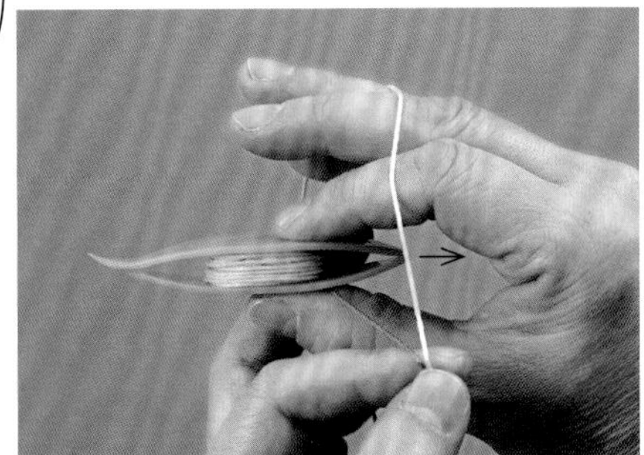

3 从右手挂线的中间拉出。

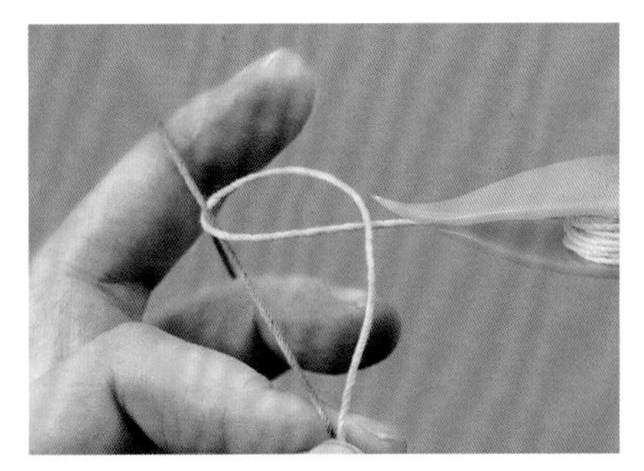

4 不要直接拉紧梭子上的线。

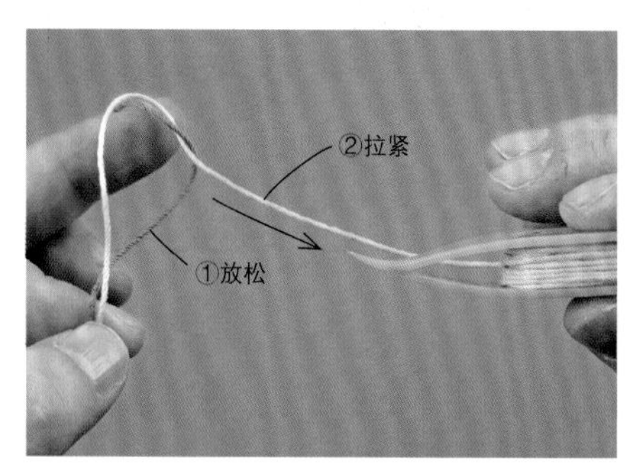

5 先放松左手的线，再拉紧梭子上的线。

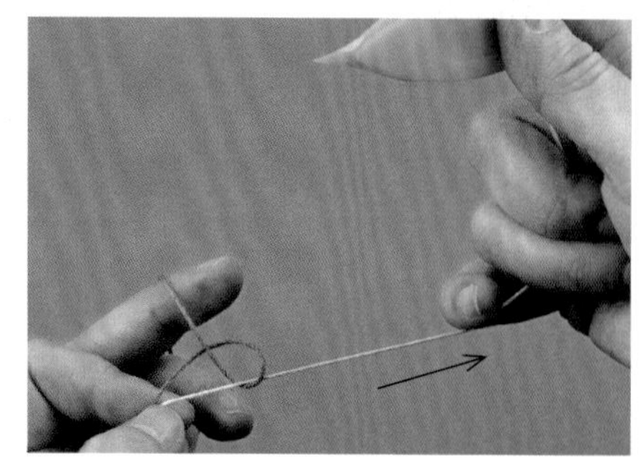

6 用右手小指拉紧。

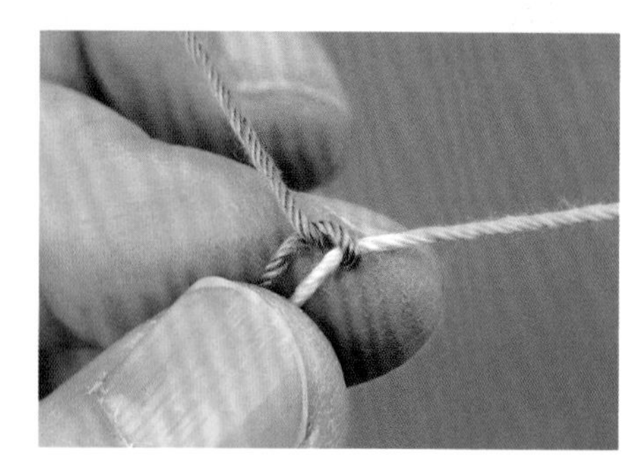

7 下针完成。

上针的编织方法

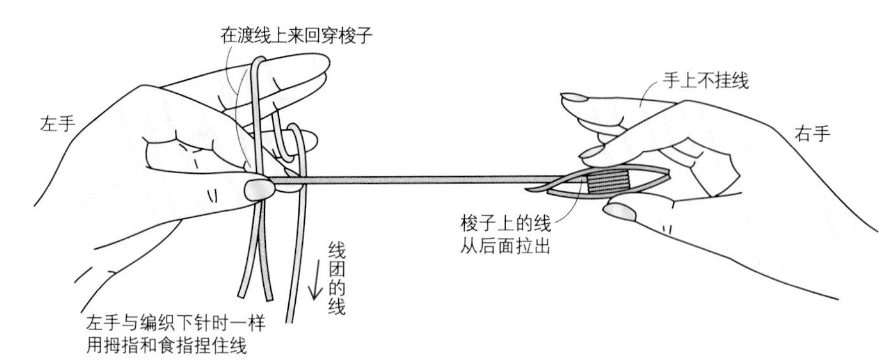

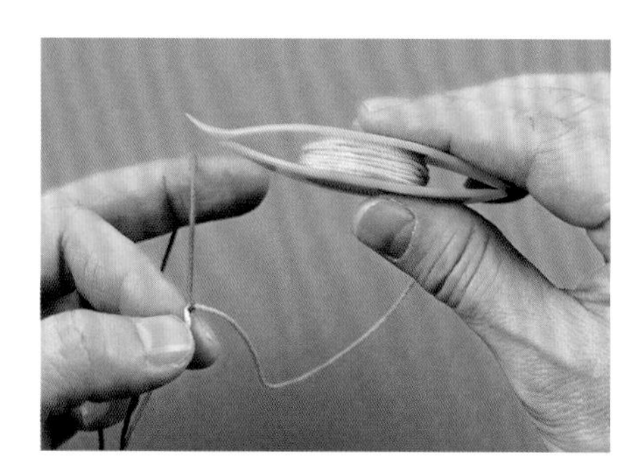

1 编织时无须在右手挂线。

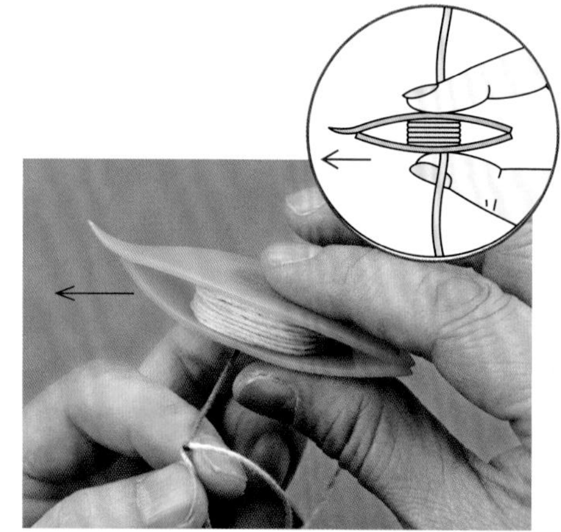

2 将梭子从左手线的上方穿至后面。

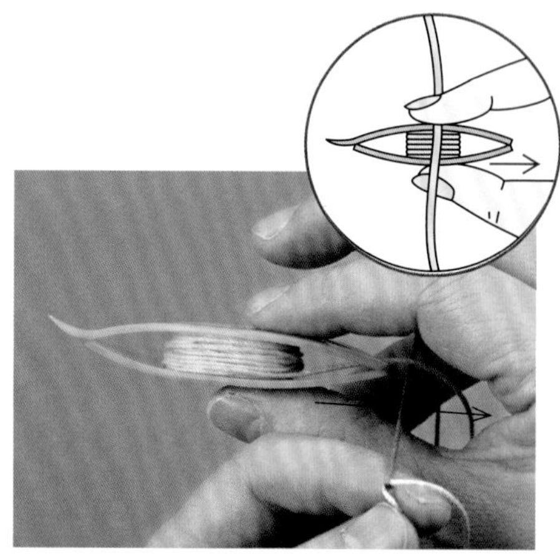

3 从线的下方穿回。

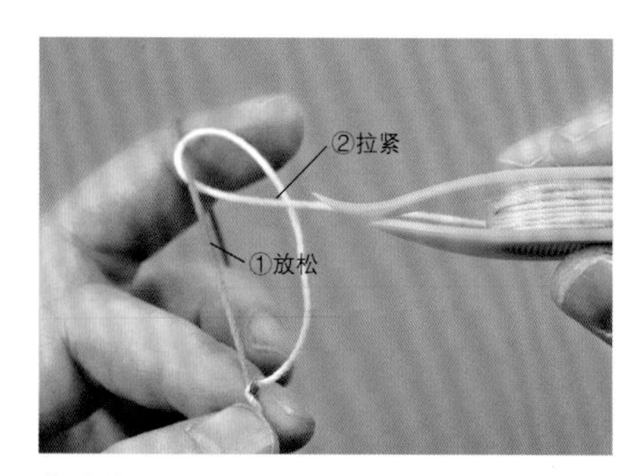

4 先放松左手的线，再拉紧梭子上的线。

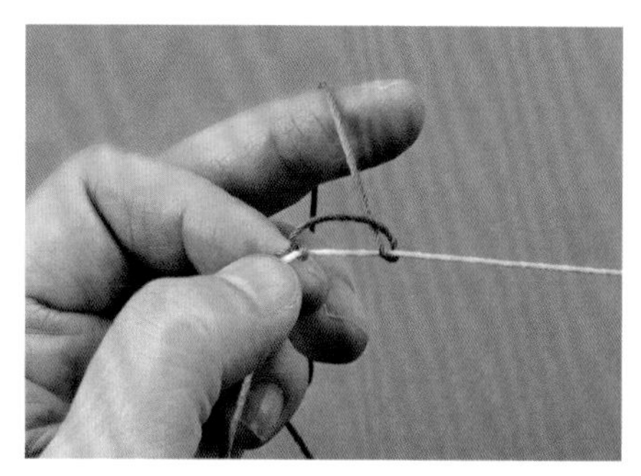

5 伸直左手中指，将针目拉至下针的边上。

6 上针完成。1个下针和1个上针组成1个基础结，计为1针。确认一下梭子的线是否可以活动。

基础结

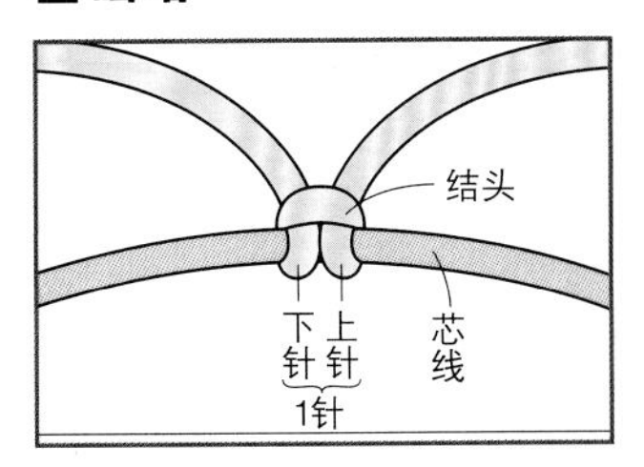

1针下针和1针上针为1组，计为1针（1个结）。

编织4针基础结后的状态

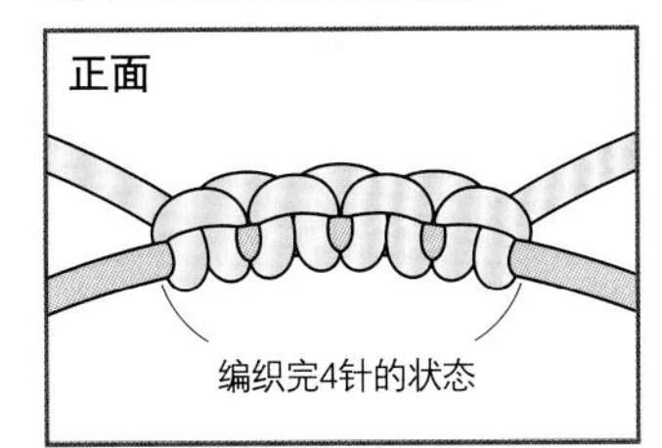

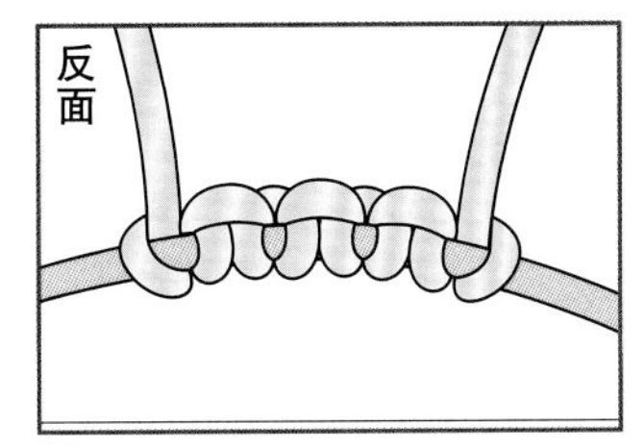

从反面数基础结时，看上去会少1针。

编织下针和上针以及拉线时要保持一定的力度，注意不要编织得太松。

编织基础结时线的走势

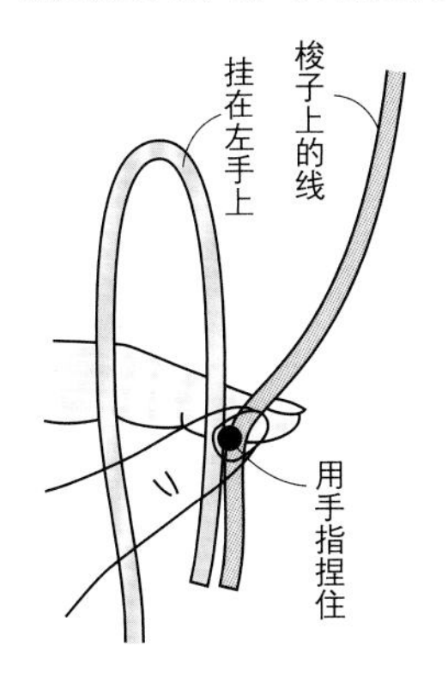

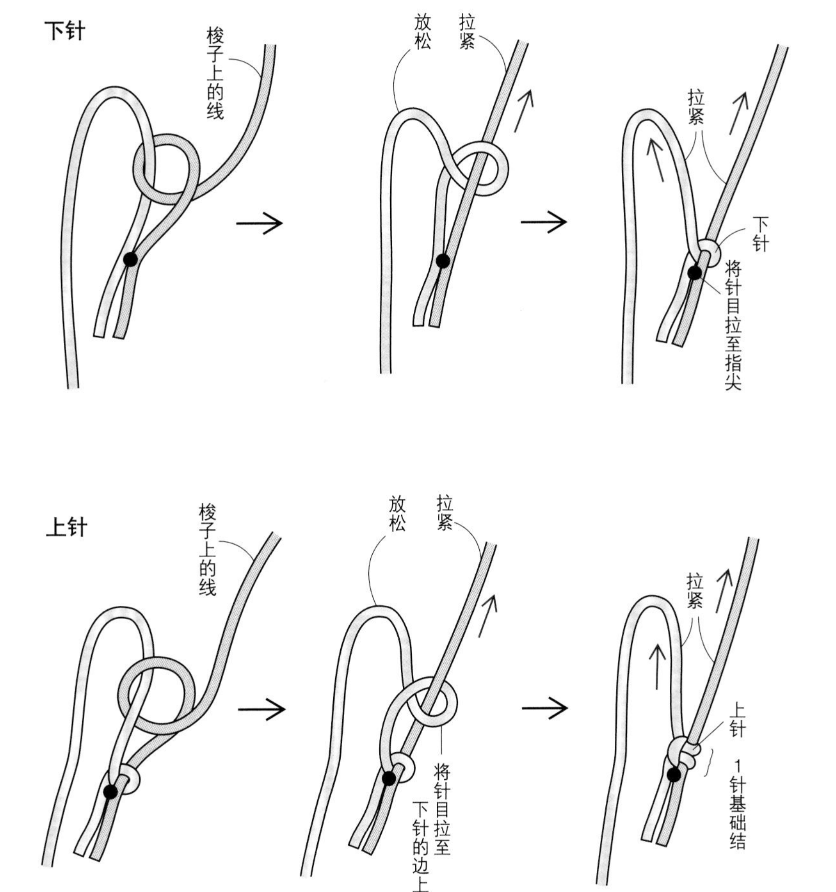

编织符号图的看法

编织符号图就是用符号表示梭编蕾丝的花片和饰边。
看着符号图，一边确认基础结的针数、耳的位置和编织方向，一边进行编织。
线的颜色基本上表示完成后的颜色（即左手挂线的颜色）。（不过也有例外，比如分裂结、用3根线编织等情况）
相同颜色、不同深浅表示正面和反面之分。

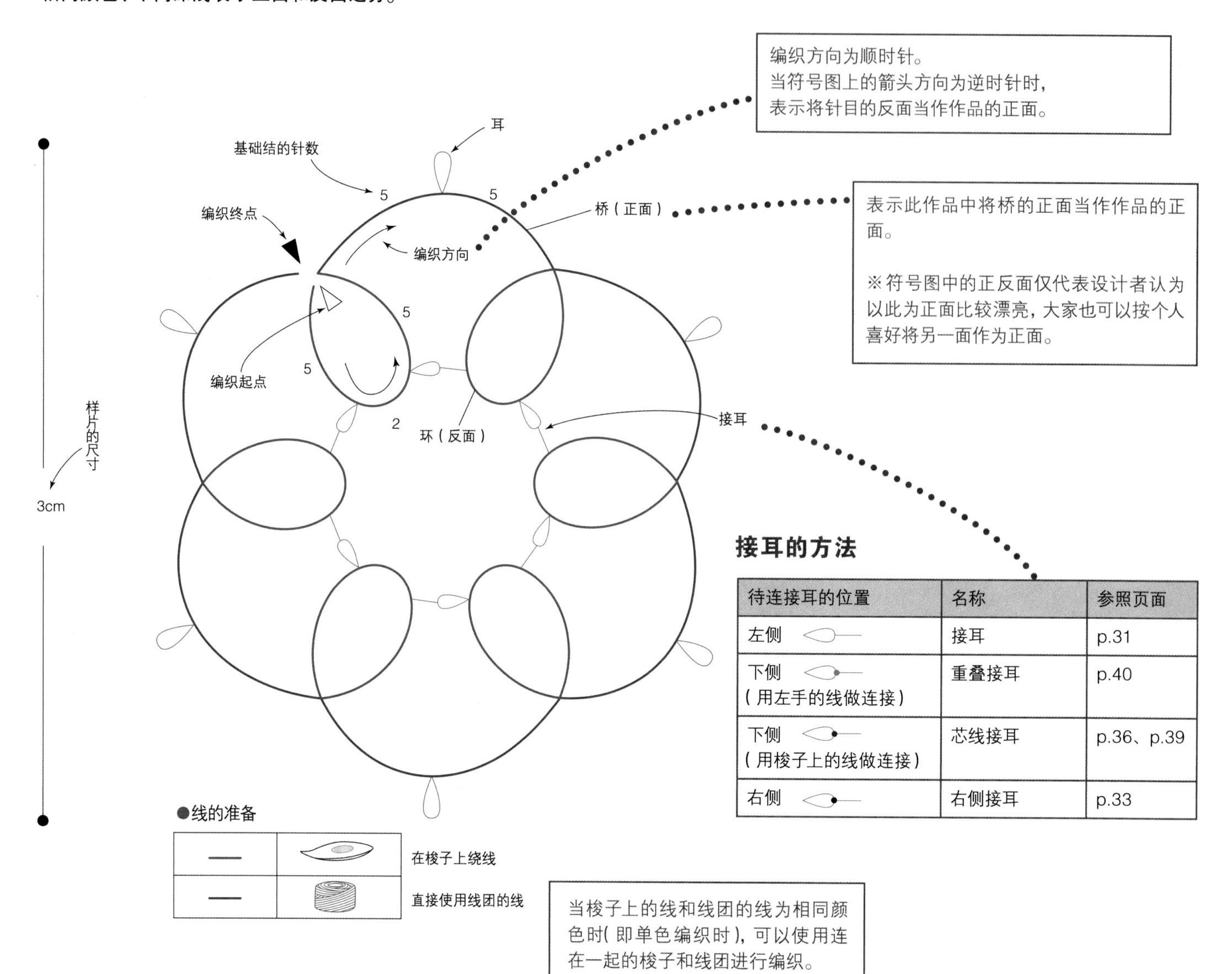

接耳的方法

待连接耳的位置	名称	参照页面
左侧	接耳	p.31
下侧（用左手的线做连接）	重叠接耳	p.40
下侧（用梭子上的线做连接）	芯线接耳	p.36、p.39
右侧	右侧接耳	p.33

针目的数法

5针、耳、2针、耳、5针

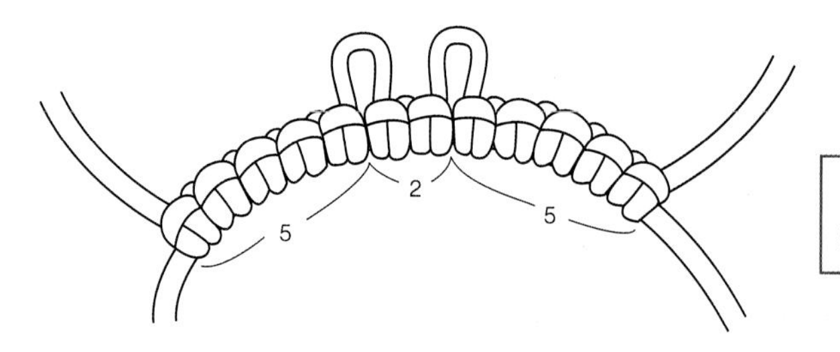

“耳”是在针目与针目之间编出的线圈，用于装饰或连接。

螺旋结

只编织下针。

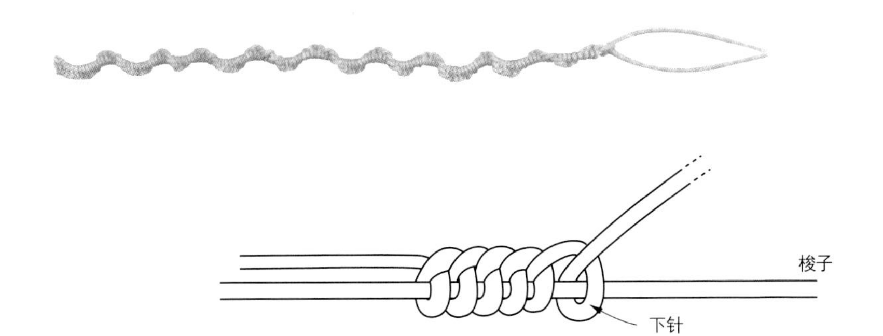

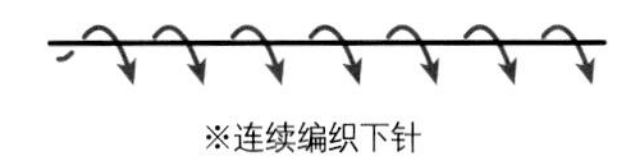

●线的准备

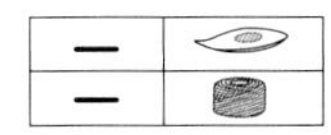

锯齿结

重复编织“5针下针、5针上针”。

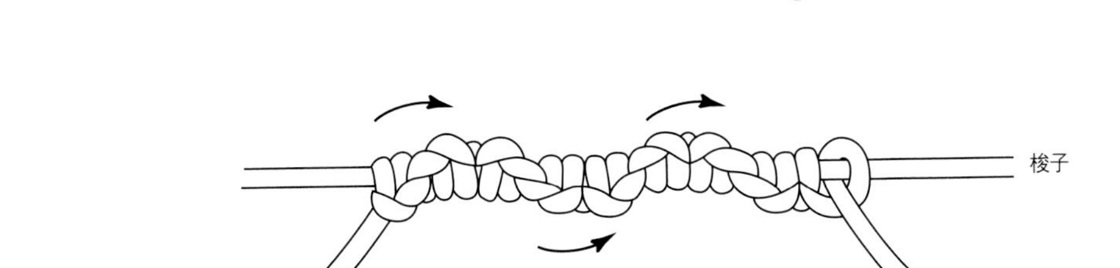

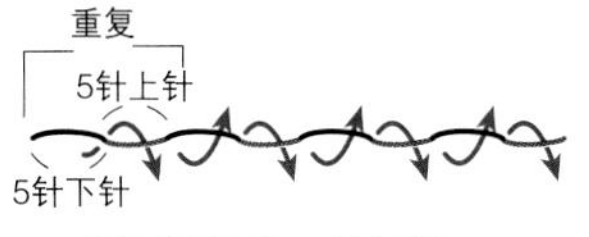

●线的准备

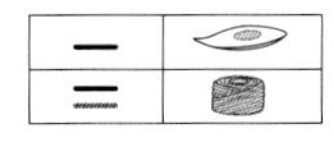

由桥编成的环

编织长长的桥，在想要连接成环的位置将前面的桥夹在梭子的线和线团的线之间，然后继续编织。

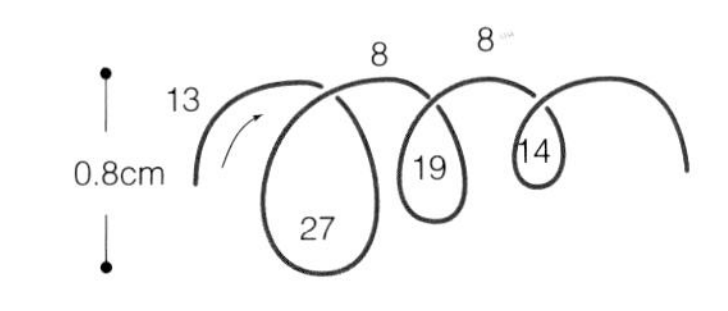

●线的准备

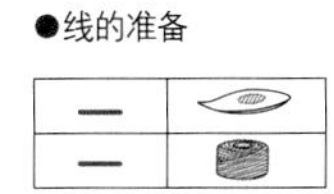

1 在喜欢的位置将桥绕成环形，将桥夹在梭子的线和左手的线之间。

2 编织下一个基础结。注意针目之间不要留出空隙。

由环组成的小花

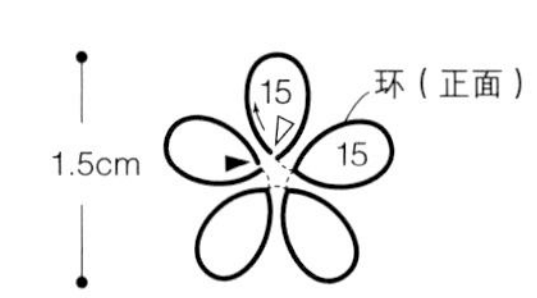

●线的准备

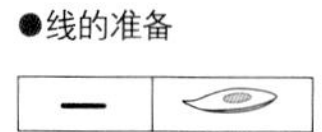

编织环时梭子和线的拿法

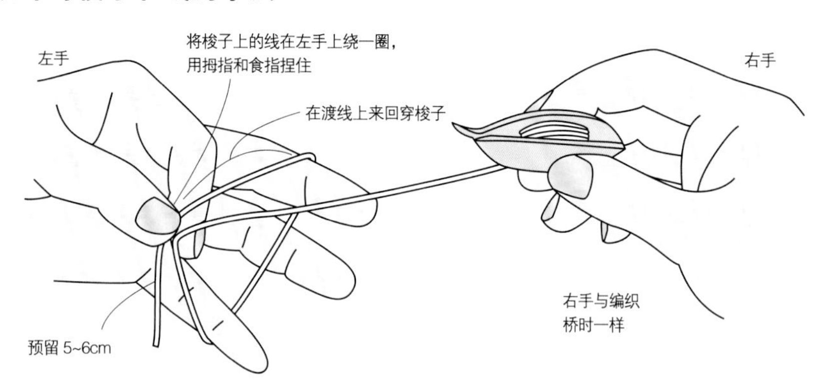

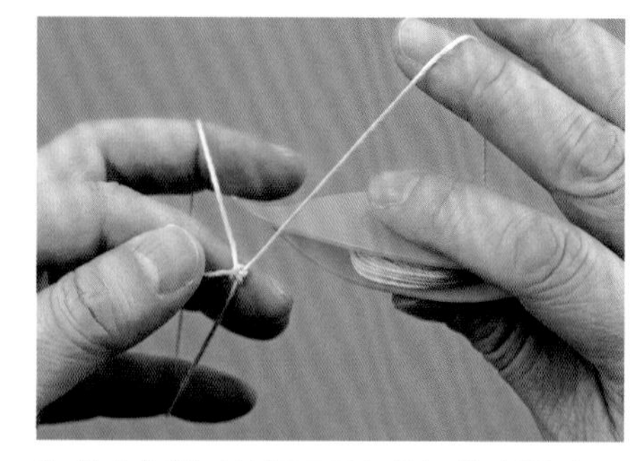

1 按编织桥时的相同要领编织基础结(参照p.21)。

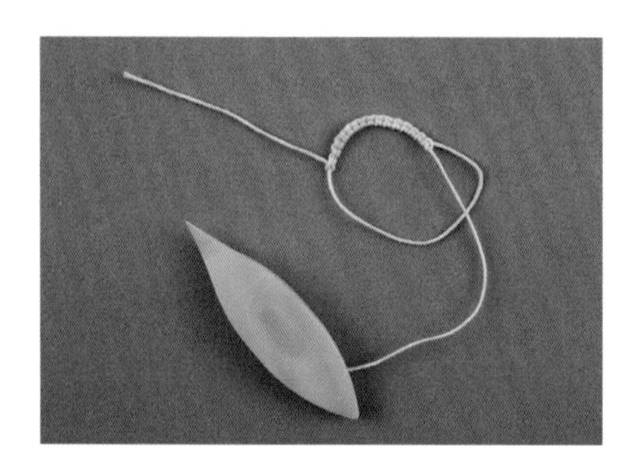

2 指定针数编织完成。

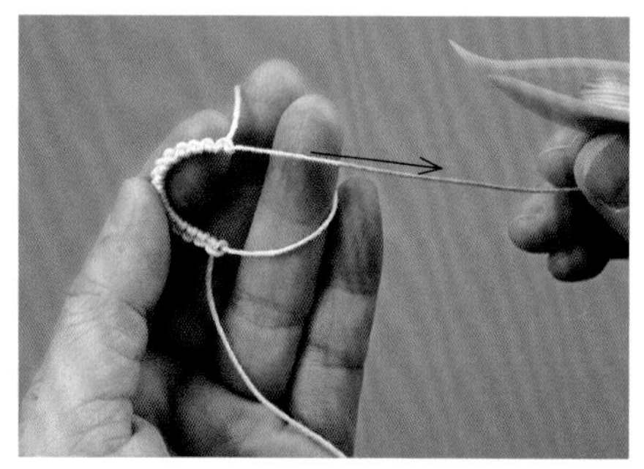

3 朝箭头所示方向拉动梭子上的线缩小线环，最后朝编织起点的针目方向将线拉紧。

4 1个环完成。

要领 左手的线环缩小时

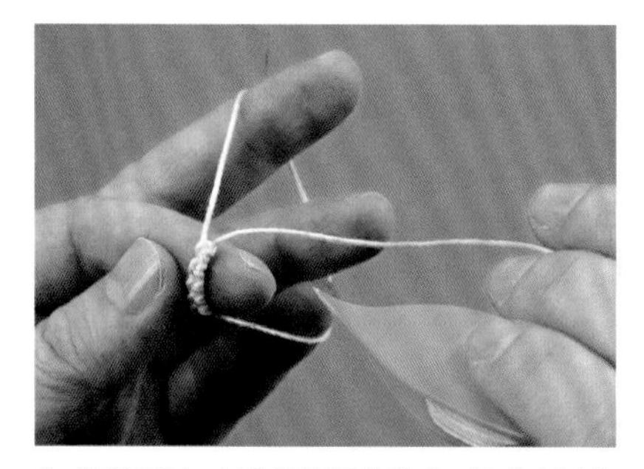

1 编织环时，左手的线环会缩小，很难穿过梭子。

2 轻轻地按住针目，朝箭头所示方向拉线。

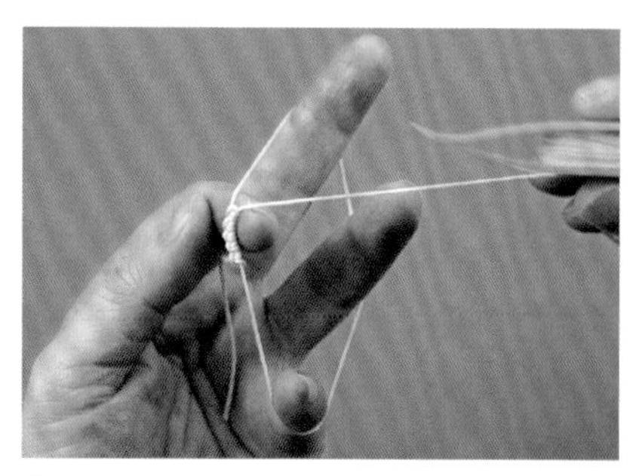

3 拉至线环足够大时，继续编织。

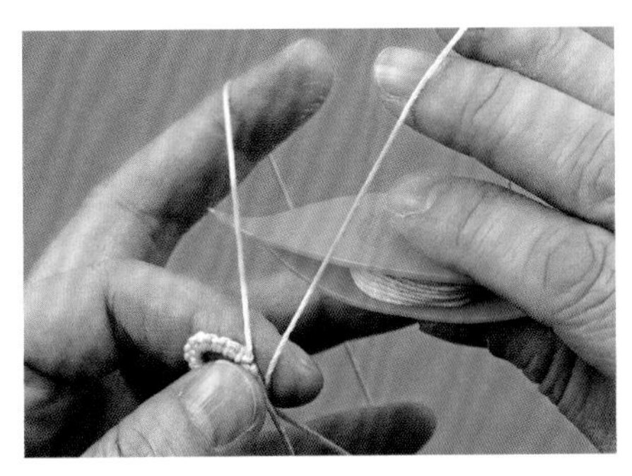

5 接着编织下一个环。

6 将下一个下针拉至环的根部。

7 紧靠根部编织的下一个基础结完成。

要领 编织环时放大左手线环的方法

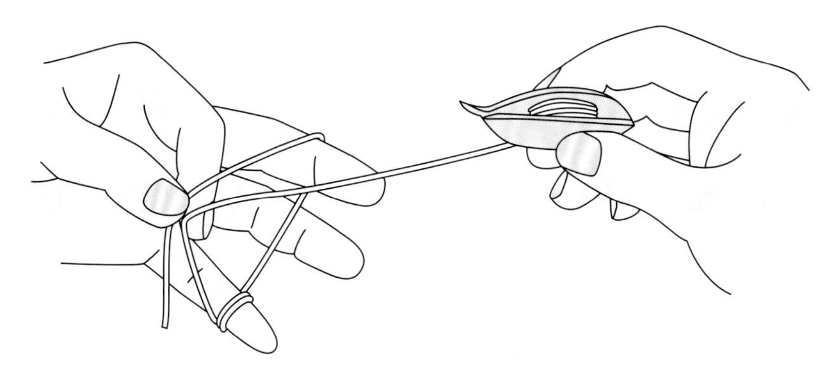

编织较大的环时，左手的线环很快就会缩小，需要拉线将线环放大好几次，实在不方便。这种情况下，在左手的小指上绕2~3次线，编织环时可以将线放出来，非常方便。

要领 根部分开的例子

如果编织时没有将下针拉至环的根部，就会出现一段渡线。当然，有时也会特意留出渡线。

基础花样 半环

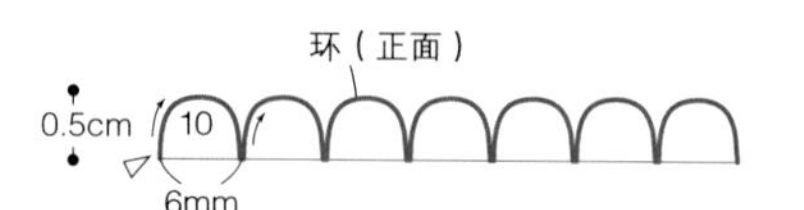

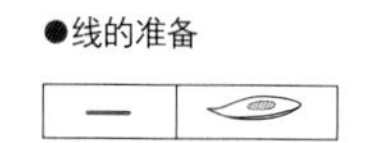

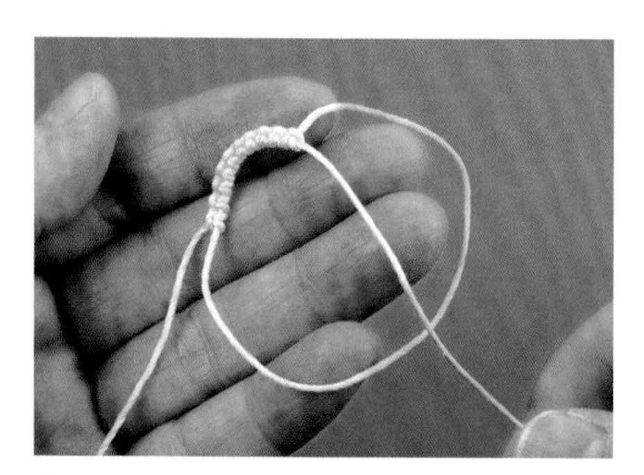

1 编织指定针数的基础结。

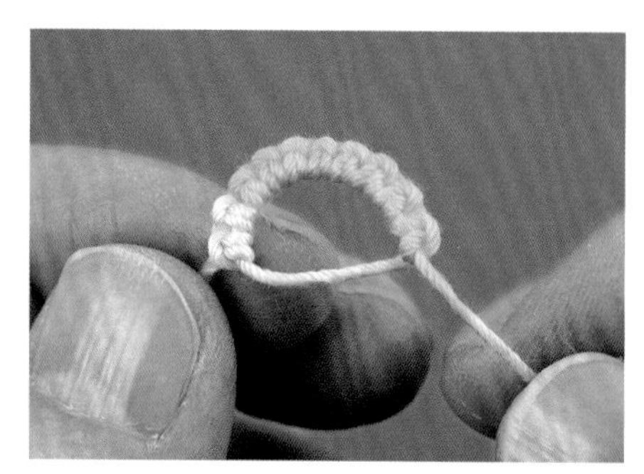

2 将环收至一半。

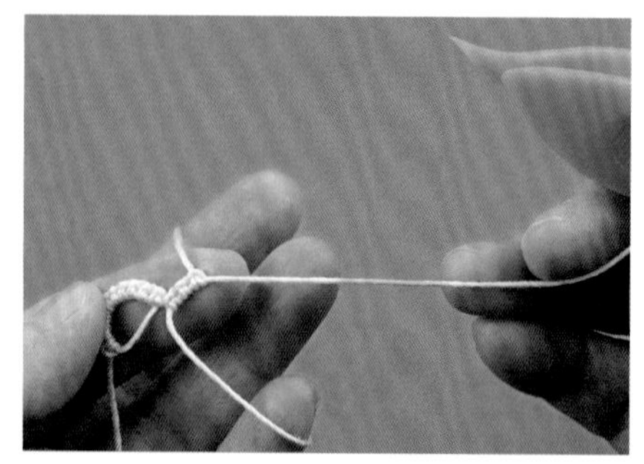

3 直接编织下一个环。

基础花样 带耳的环 渡线

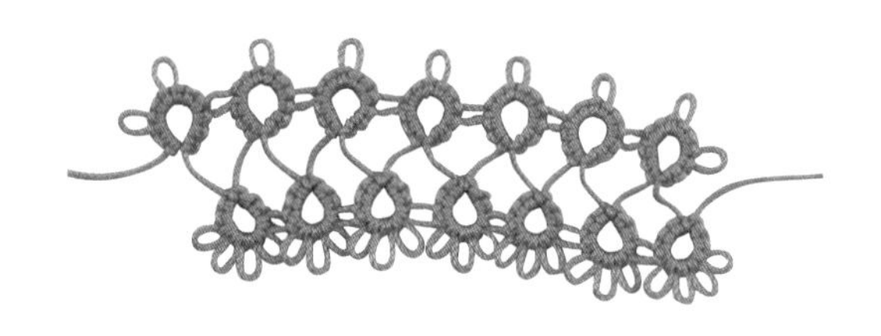

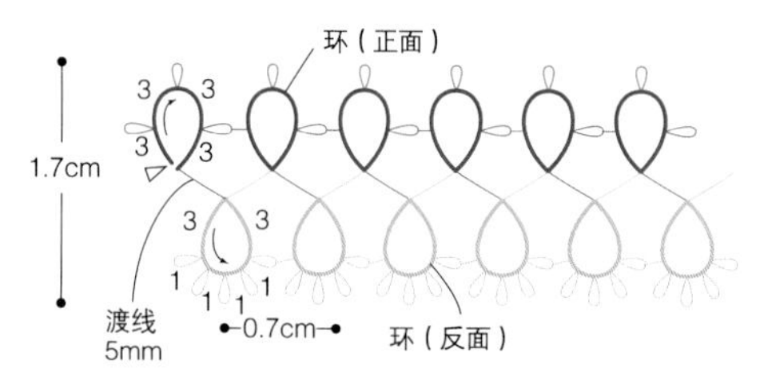

耳的制作方法

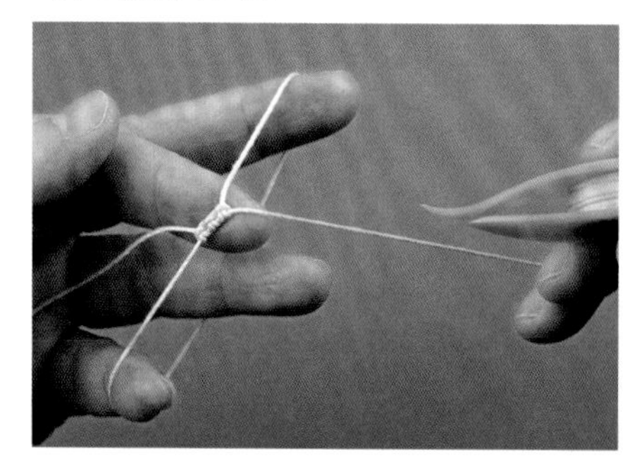

1 编织指定针数的基础结。

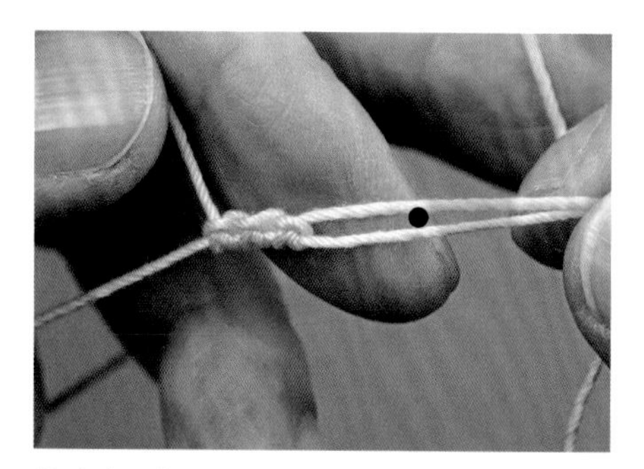

2 确定耳的大小，用拇指按住●处。

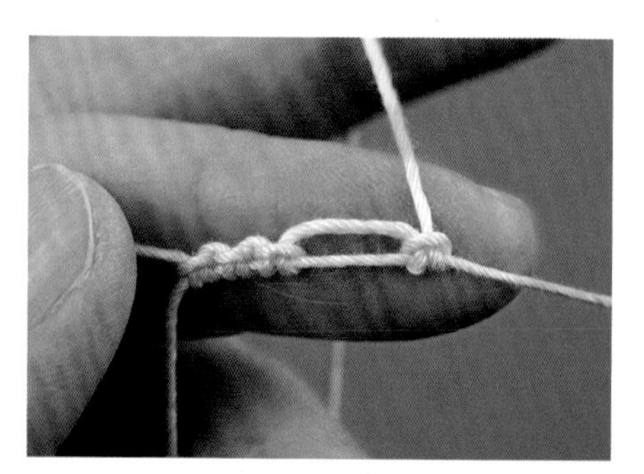

3 在拇指的指尖编织基础结。此时，已编织的针目计为：3针基础结、耳、1针基础结。

4 将新编的基础结拉至前面的针目边上。

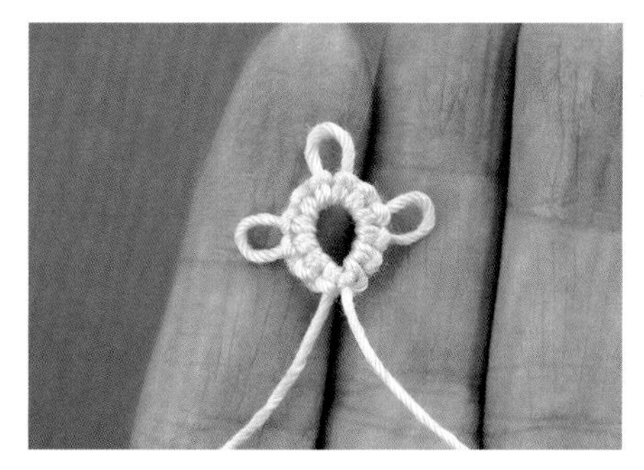

5 带耳的环完成。

根据耳分辨正反面

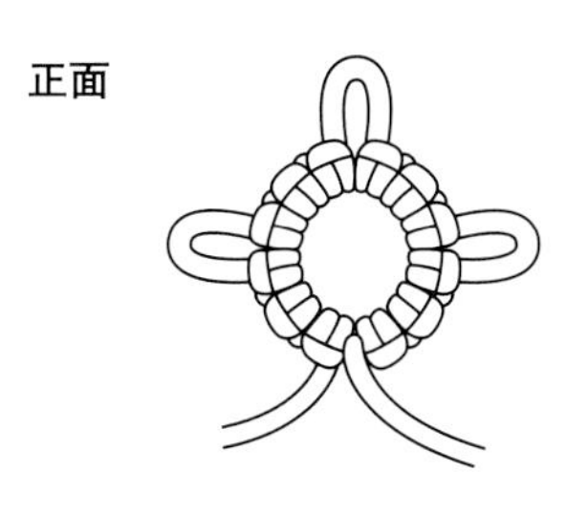

耳与耳之间基础结的结头个数就是实际编织的针数。

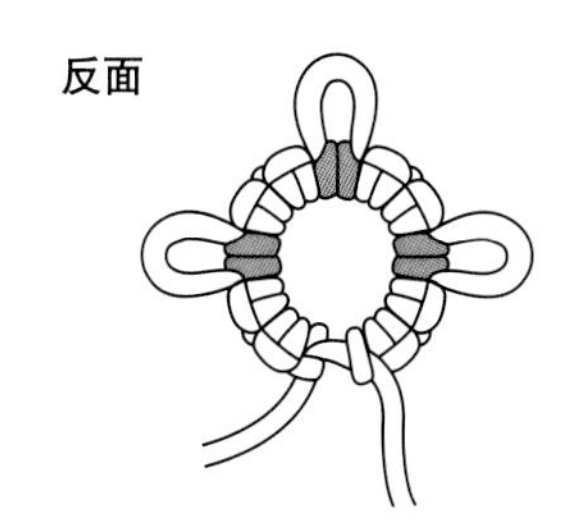

耳的中间渡线穿过，看上去会比实际编织的结少1个结头。

要领 耳尺的使用方法 统一耳的大小或制作长耳时，使用耳尺会更加方便。

1 根据要制作的耳的大小，选择合适的耳尺。

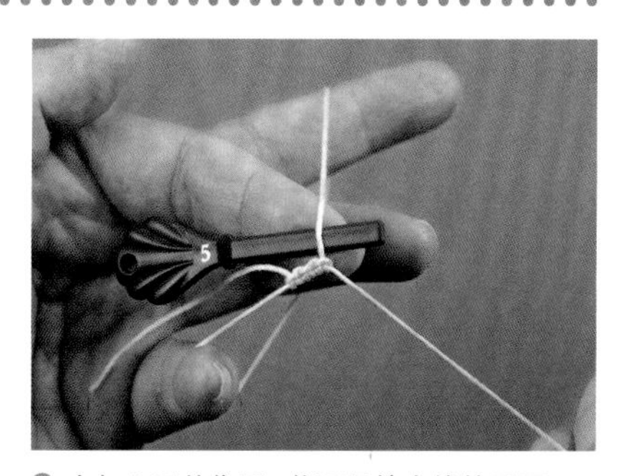

2 在加入耳的位置，将耳尺放在线的后面。

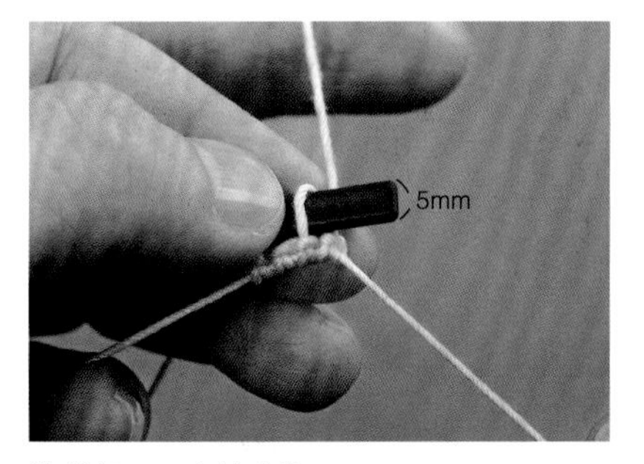

3 编织下一个基础结。

4 1个耳完成。

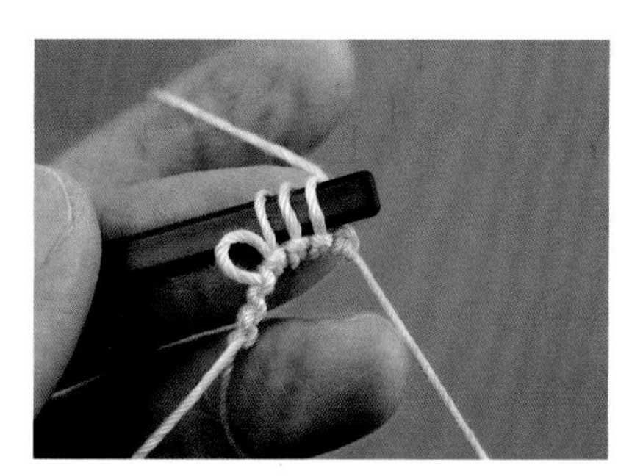

5 也可以连续制作相同大小的耳。

基础技法 渡线的方法

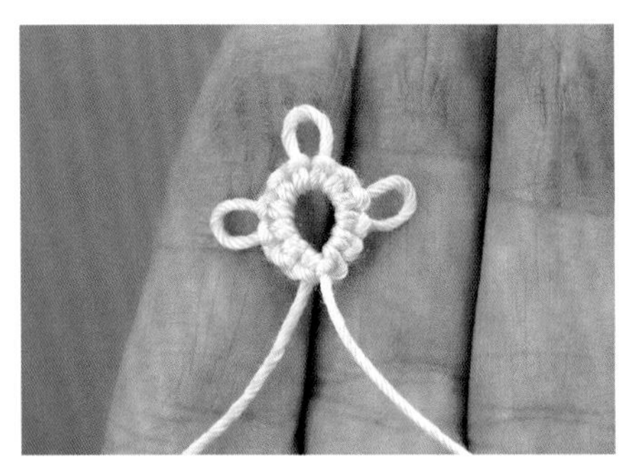

1 先编织一个环(正面)。

2 将环翻至反面。

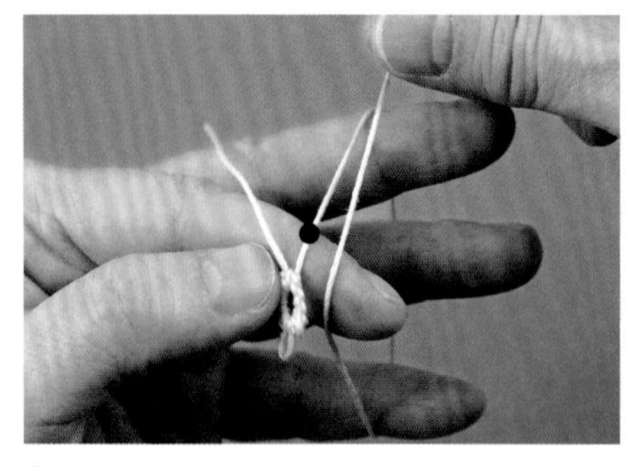

3 确定渡线的长度(●)。

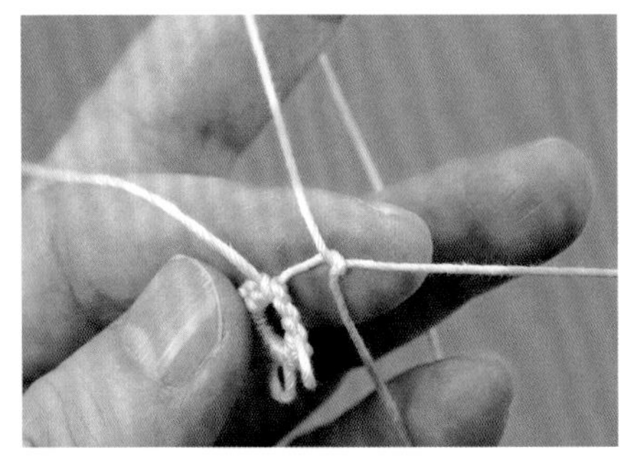

4 在确定好的位置编织下针。

5 编织指定针数的基础结。

6 渡线后编织的下一个环完成。

要领 中途线不够用时

1 不要在编织环或桥的中途接线，而是在编织下个环或桥时换成新线。

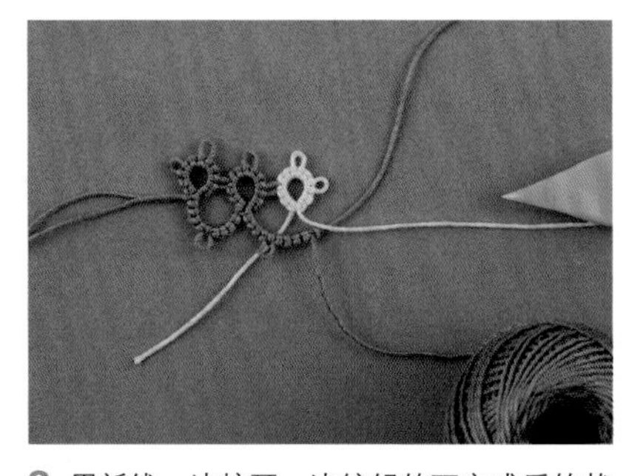

2 用新线一边接耳一边编织的环完成后的状态。

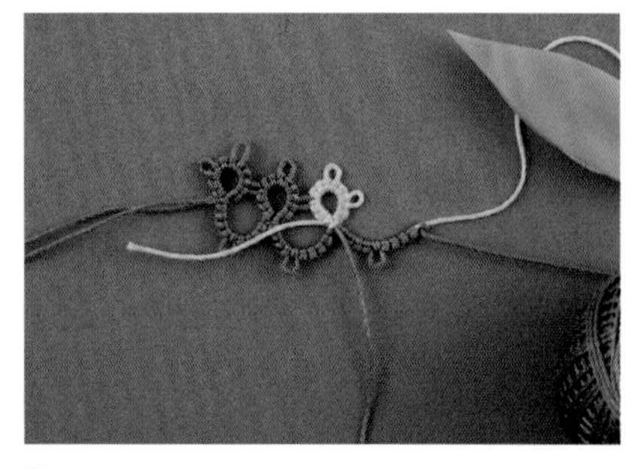

3 翻至反面编织桥完成后的状态。将新线的线头和快用完的线头打结，处理线头。

接耳

下面是最常用的、基础的接耳方法。

1 翻至反面，渡线后编织第3个环时，在第1个环的耳上做连接。

2 编织指定针数后，如箭头所示插入梭尖。

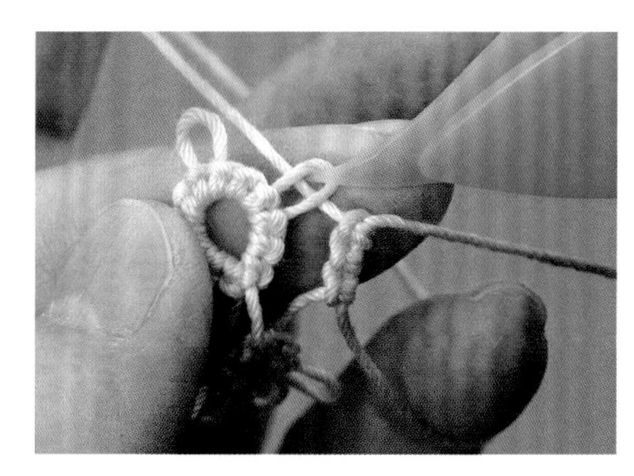

3 挑出左手线环的线。

4 将挑出的线拉长。

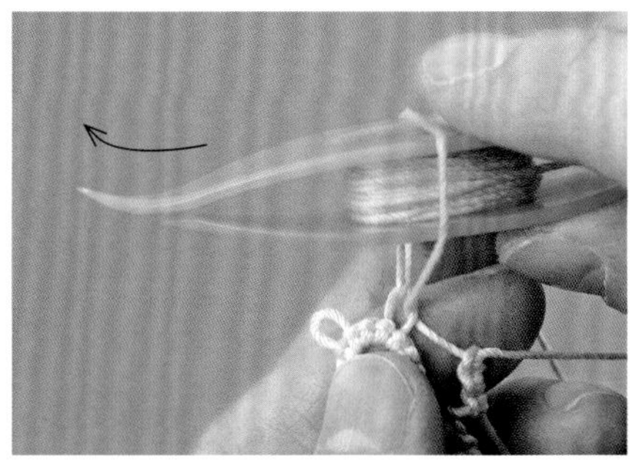

5 在拉出的线圈里穿入梭子。

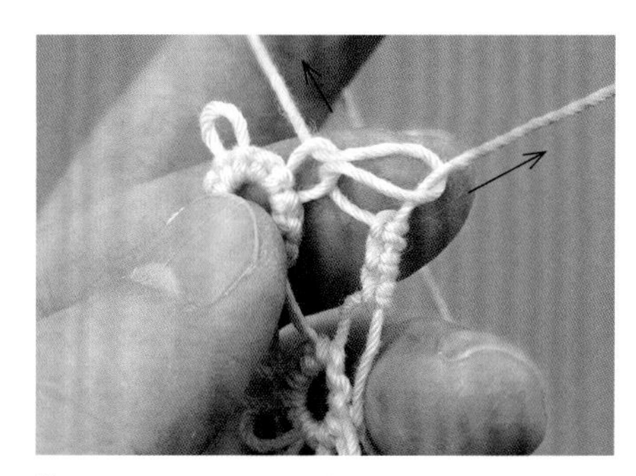

6 拉紧梭子上的线，再慢慢拉动挂在左手上的线。

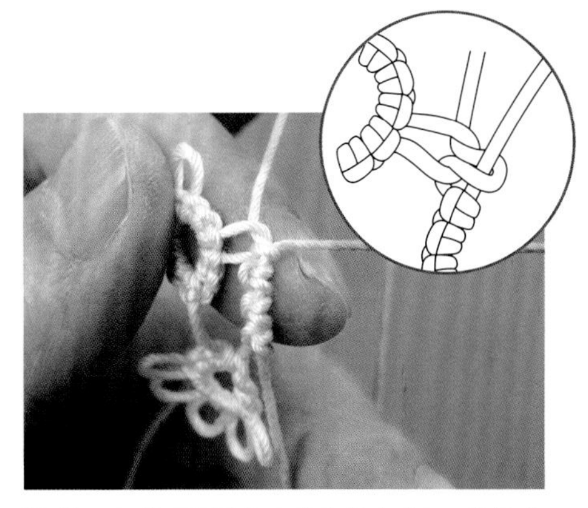

7 拉至与针目相同高度就连接完成了。连接处不计为1针。

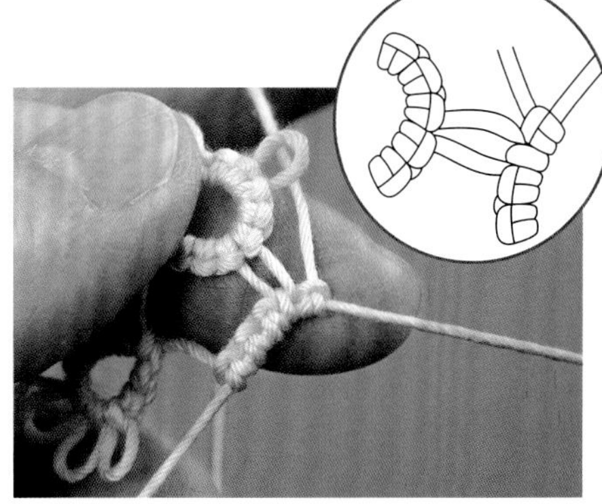

8 编织下一针后，接耳的线即可固定。

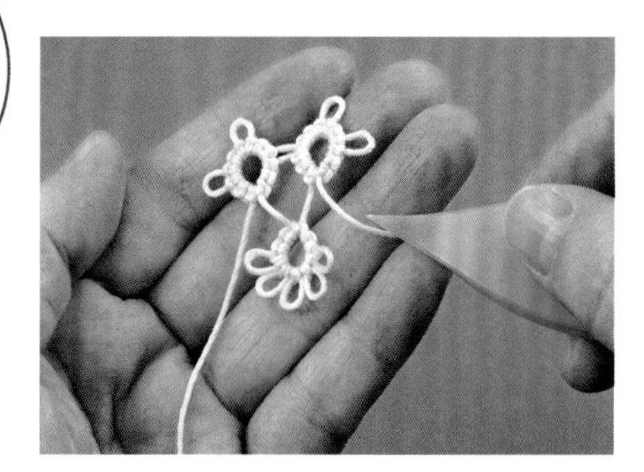

9 按相同要领继续编织。

2种三叶草

用接耳制作

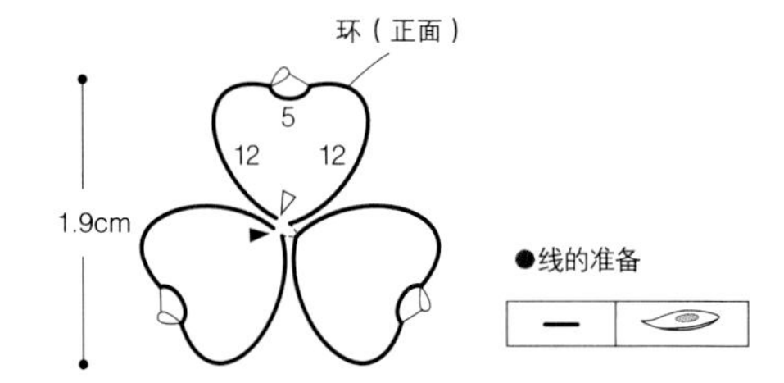

用锯齿结制作

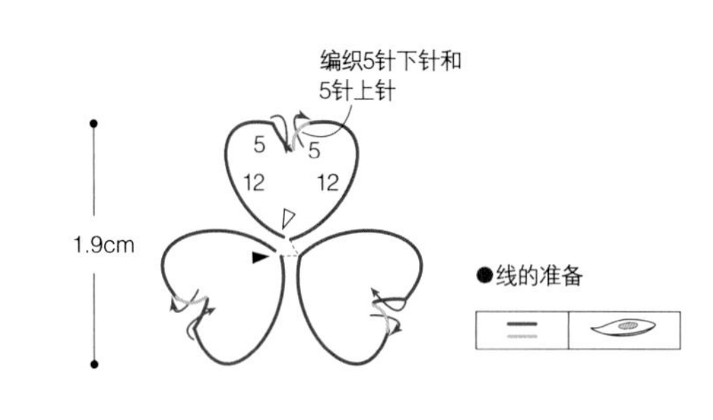

1 编织12针基础结后，编织5针下针。

2 接着编织5针上针。继续编织12针基础结。

3 将环收紧，呈现心形。

要领 环的收紧方法

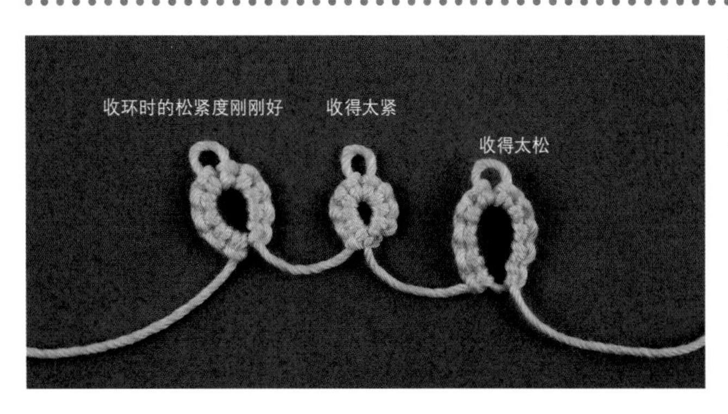

左手的线拉得太用力，针目会很紧；拉得太松，针目就会不整齐。梭子上的线拉得太紧，就会破坏针目的平整。左手和右手（梭子上面的线）要保持力度的均衡，这一点非常重要。

由环组成的小花 通过耳连接花瓣

最后用右侧接耳的方法进行连接。

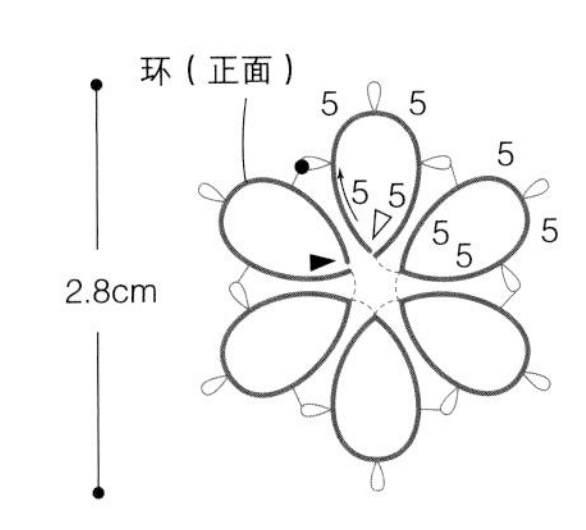

●线的准备

• ＝右侧接耳

右侧接耳

1 确认待连接的耳，如箭头所示对折。

2 对折后，将待连接的耳反面朝上。

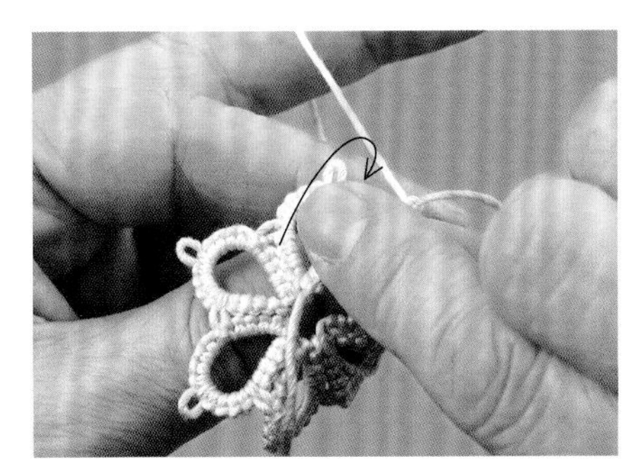

3 捏住花瓣部分，如箭头所示再次翻折。

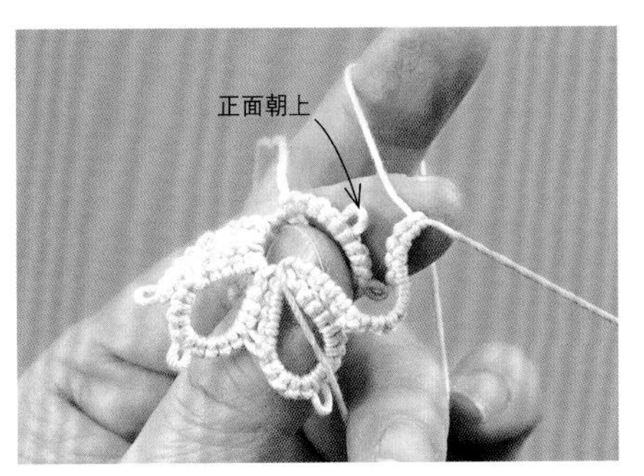

4 此时待连接的耳正面朝上，从正面插入梭尖。

5 将挑出的线圈拉长，穿入梭子。

6 接耳完成。

7 编织剩下的基础结。

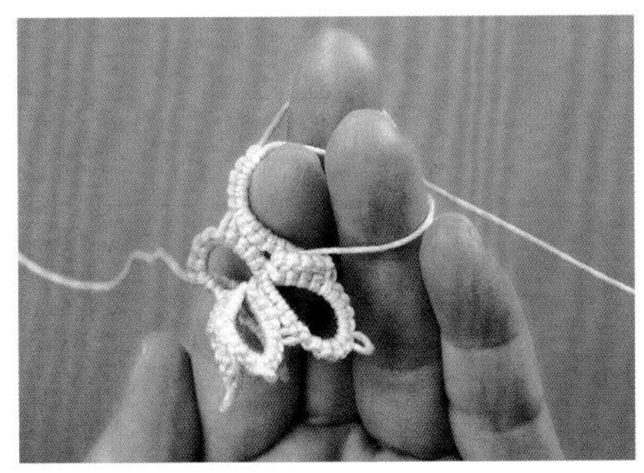

8 将环收紧。

9 小花的形状完成。

基础技法

线头的处理方法

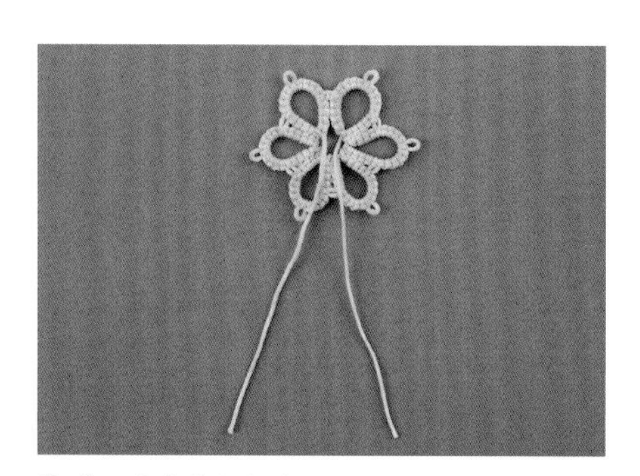

1 接下来将编织起点和编织终点的线打结并处理线头。

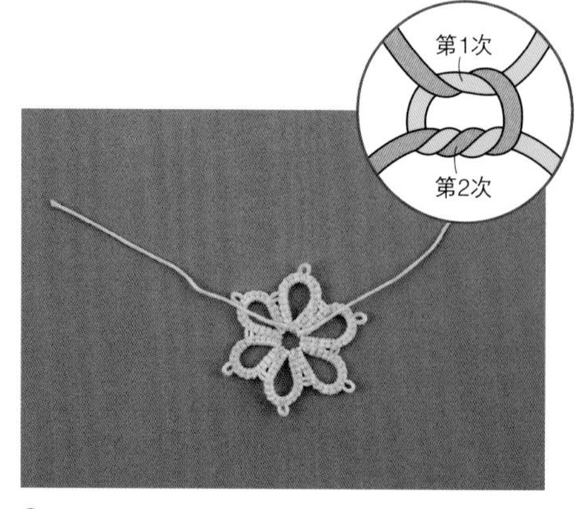

2 第1次从环中绕1次线打结，第2次绕2次线打结（第2次也可以与第1次一样打结）。

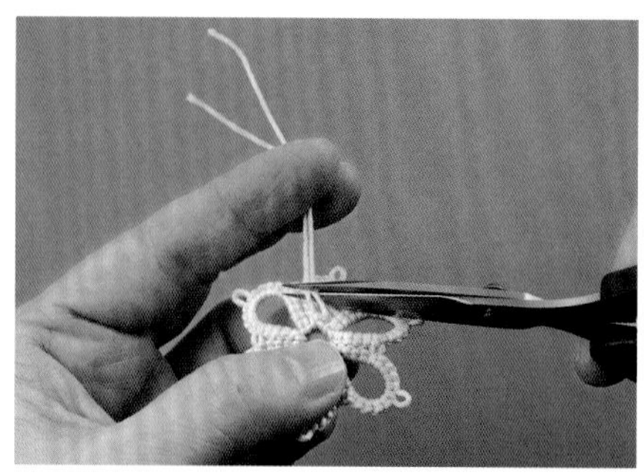

3 剪断线头。

4 在反面涂上布用胶水。

5 将线头压在环的针目上方。

6 使线头贴合在针目反面，这样从正面就看不见线头了。

要领 编织起点不留线时线头的处理方法

使用连在一起的梭子和线团开始编织时，编织起点没有线头。
梭子上的线和线团的线分开编织时，最后要分别处理线头，这样就会出现2个线结。
只有1个线结时，花片会显得更加平整。

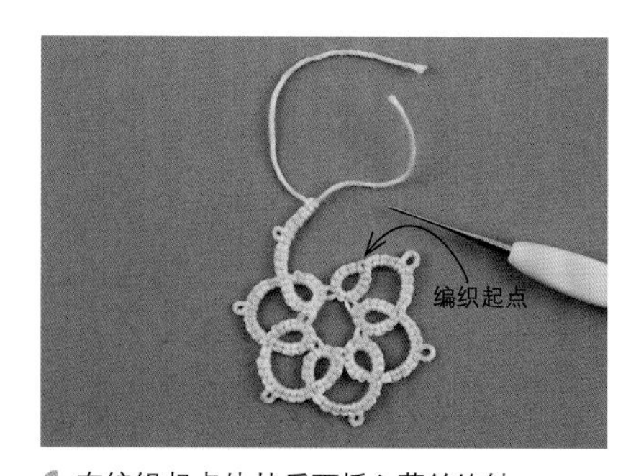

1 在编织起点处从反面插入蕾丝钩针。

2 拉出1根线。

3 将2根线打结后处理好线头。

由环和桥组成的饰边1

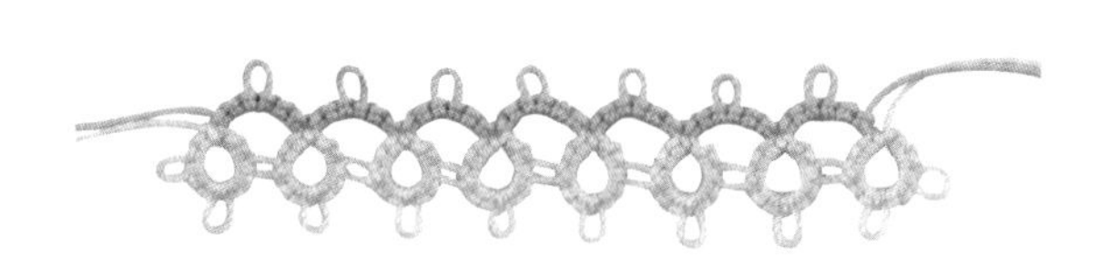

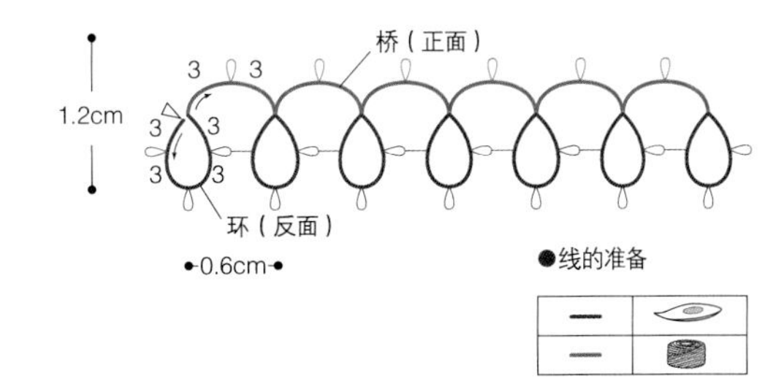

1 用梭子上的线编织环后翻至反面，准备用来编织桥的线团。

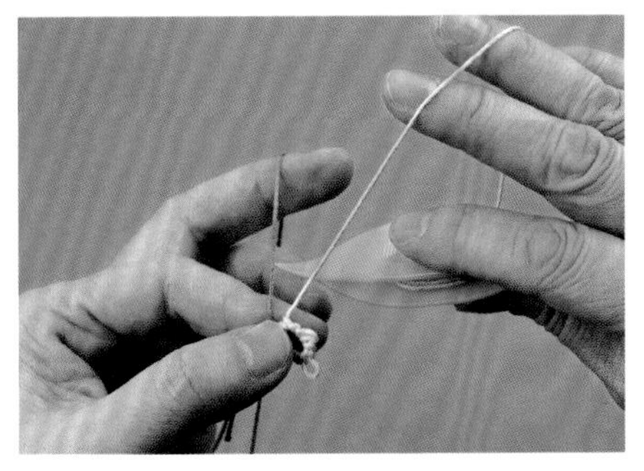

2 将环反面朝上拿好，开始编织桥。

3 用线团的线编织的桥的针目完成。

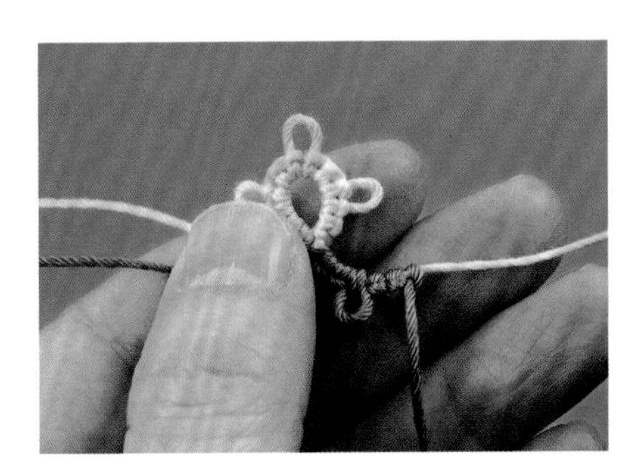

4 将环翻回正面，编织下一个环。此时不需要用线团的线。

5 暂时放下线团的线，用梭子上的线编织环。

6 一边在指定位置接耳，一边继续编织。

由环和桥组成的花片

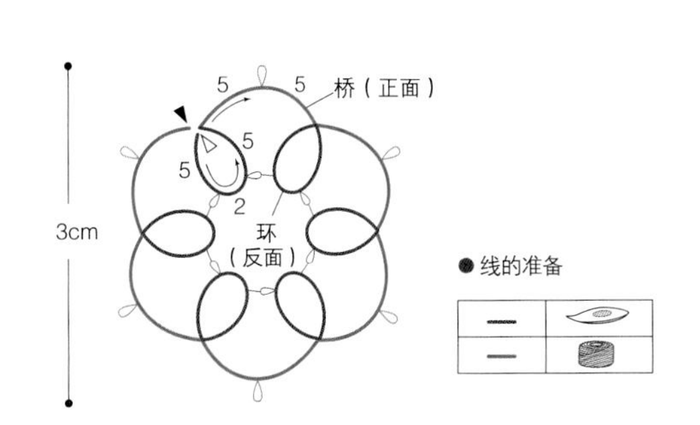

由环组成的饰边 芯线接耳

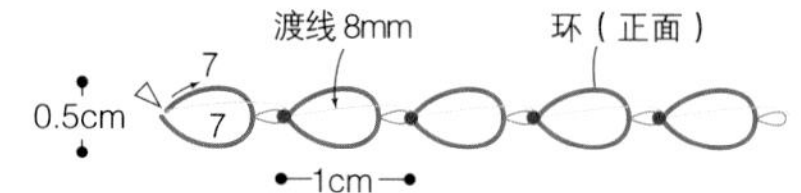

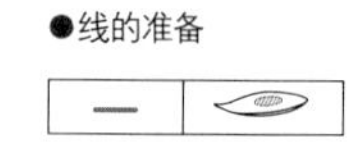

芯线接耳（用梭子上的线做连接）

1 留出相当于环的长度的线（8mm）作为渡线。

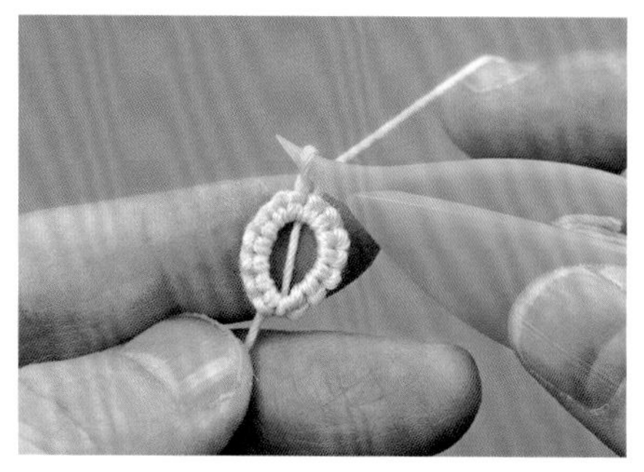

2 从耳中挑出渡线（梭子上的线），穿入梭子。

3 用梭子上的线连接固定，这就叫作芯线接耳。这种连接方法的芯线不能活动。

基础花样

由环和桥组成的饰边2

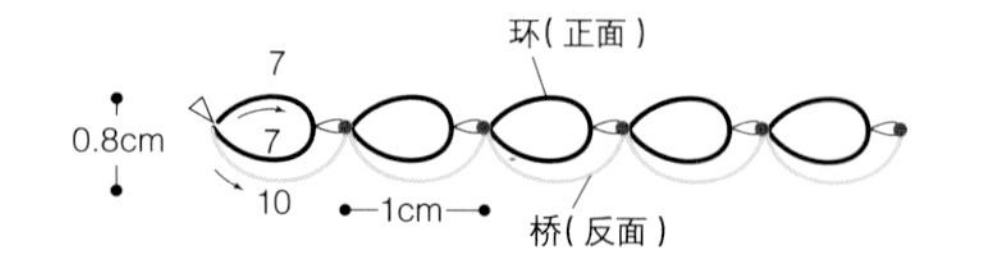

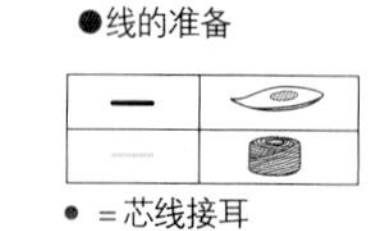

1 参照符号图，编织环和桥。

2 如箭头所示在耳中插入梭尖，将梭子上的线挑出。

3 在挑出的线圈中穿入梭子。

4 按接耳的相同要领，拉动梭子上的线做芯线接耳。

5 将第1个环翻回正面，接着编织下一个环。

6 将环翻至反面，编织桥后做芯线接耳。

由环和桥组成的饰边3

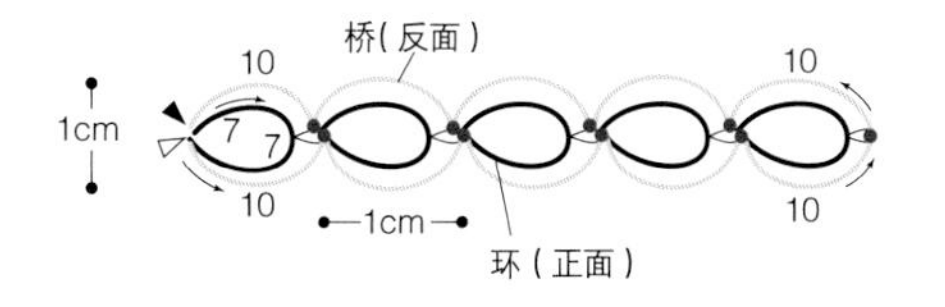

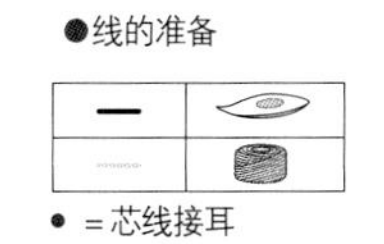

1 饰边2完成后，再在另一侧编织桥。

2 在已经做过芯线接耳的耳中，按相同要领插入梭尖。

3 做芯线接耳。

要领 针目的拆解方法 当针目编多或者编错时，需要将针目拆掉。

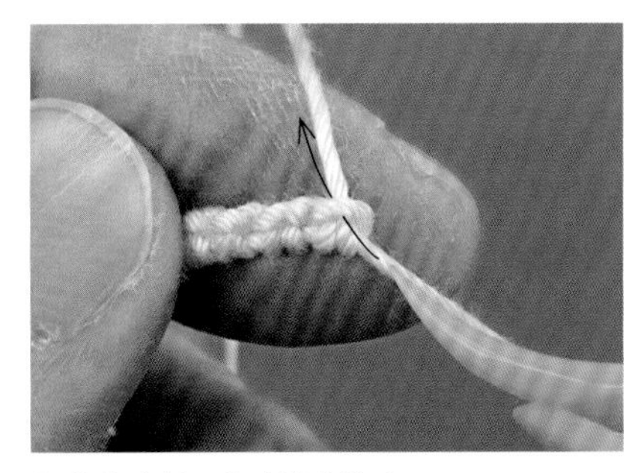

1 将梭尖插入基础结的结头。

2 将针目挑松，注意不要将线戳散。

3 穿入梭子后拆掉上针。

4 挑松下针，如箭头所示插入梭尖。

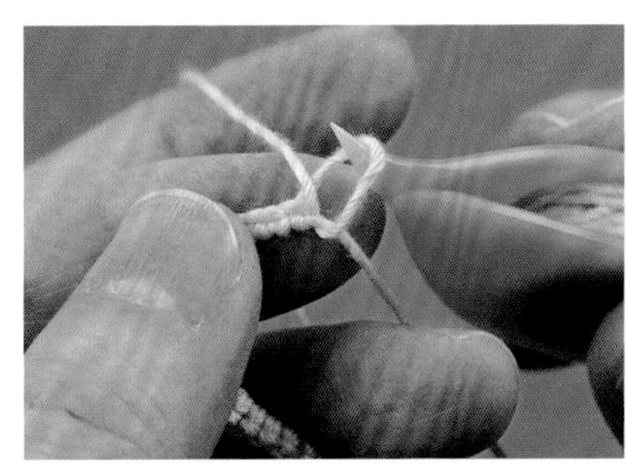

5 穿入梭子后拆掉下针。

含桥上环的花片

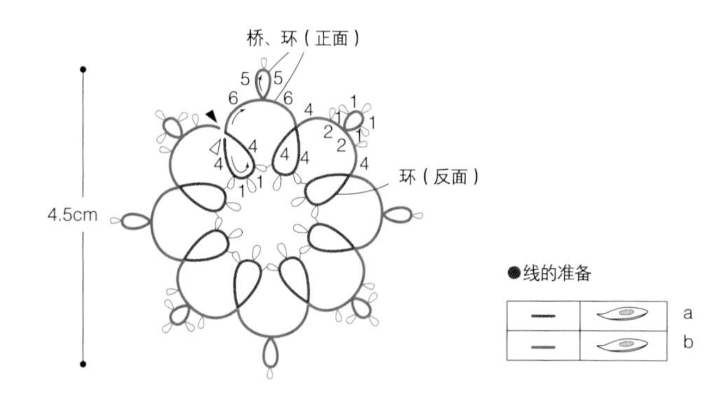

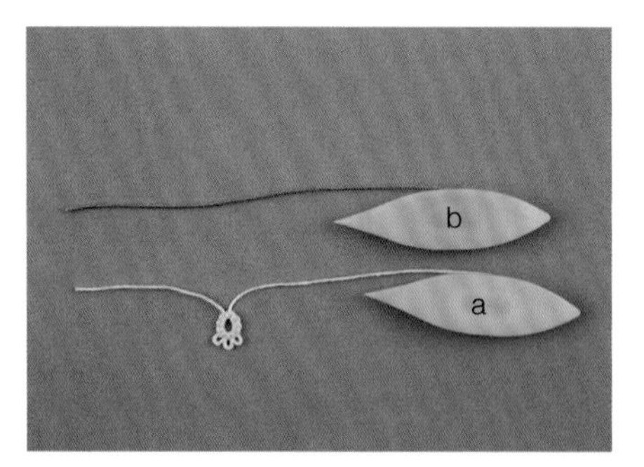

1 在2个梭子上绕好线。用梭子a编织环。

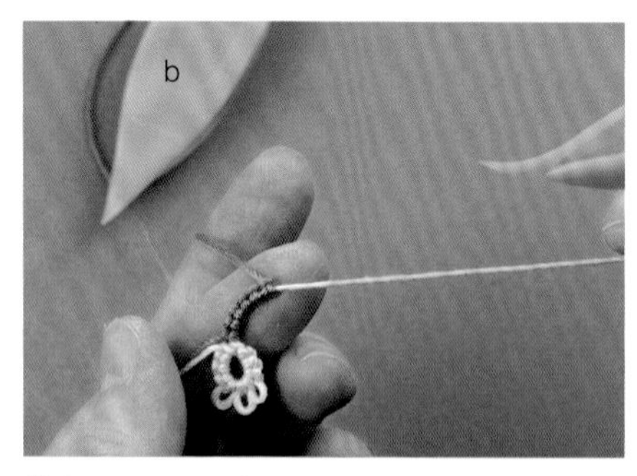

2 将环翻至反面拿好，将梭子b上的线挂在左手上，用梭子a的线编织桥。

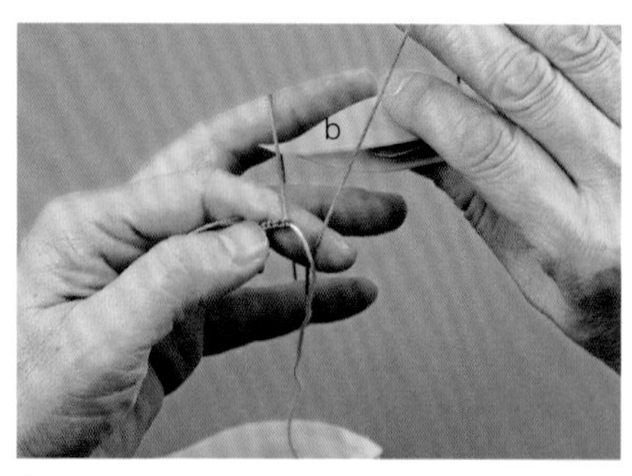

3 编织6针后，暂时放下梭子a，将梭子b的线在左手上绕成环。

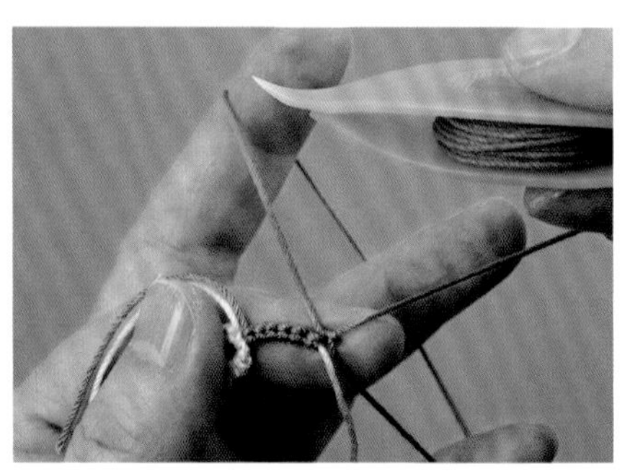

4 紧靠桥的最后一针编织下针。

5 编织指定针数。

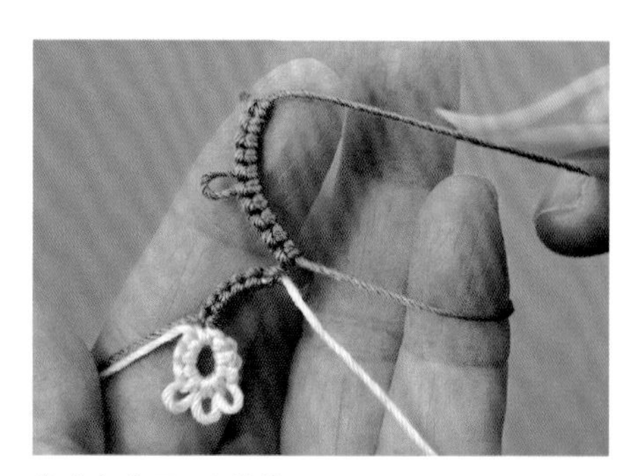

6 收紧梭子b上的线。

7 形成环。

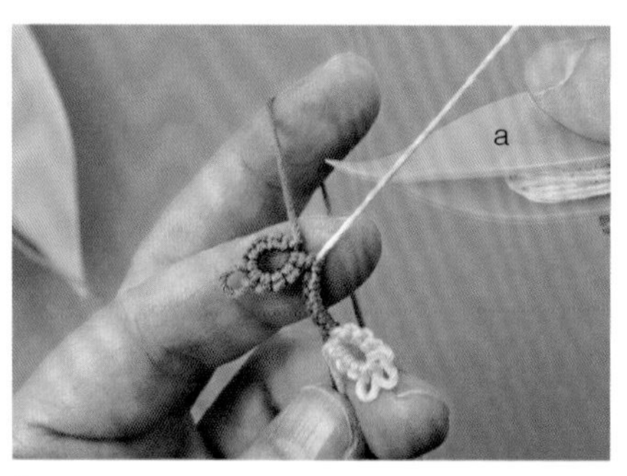

8 接着，用梭子a上的线编织桥剩下的针目。

9 桥上环编织完成。

三层桥的花片 在桥上编织约瑟芬结

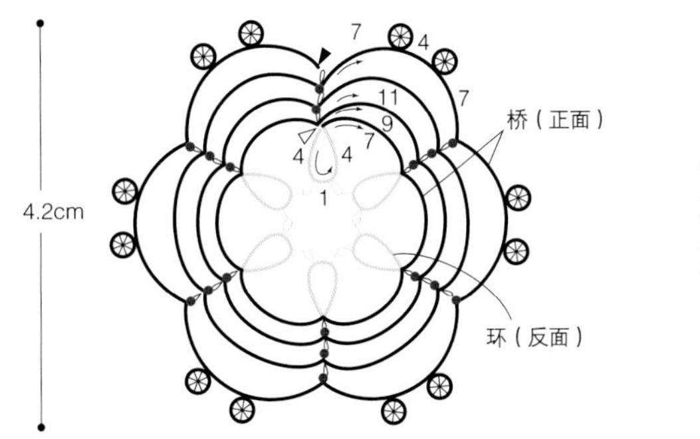

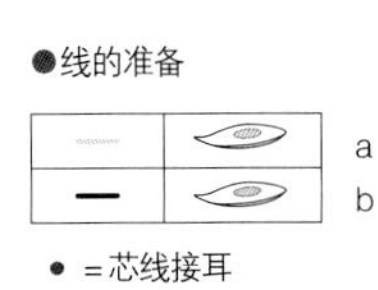

• =芯线接耳

=约瑟芬结（8针下针）

1 下面做第1圈最后的连接。将编织起点的线头如箭头所示从前往后挂在芯线上。

2 夹住梭子a上的线。

3 用左手捏住。

4 拉紧梭子a上的线，继续编织下一圈。

5 留出一点渡线用作耳，接着编织下一圈的基础结。

6 下一圈在渡线形成的耳中做芯线接耳。

7 挑出梭子a上的线后穿入梭子。

8 芯线接耳完成。

9 芯线接耳时，梭子a上的线（芯线）的颜色比较显眼。

要领 重叠接耳（芯线可以活动）下面就用重叠接耳的方法编织相同的花片来比较一下吧。

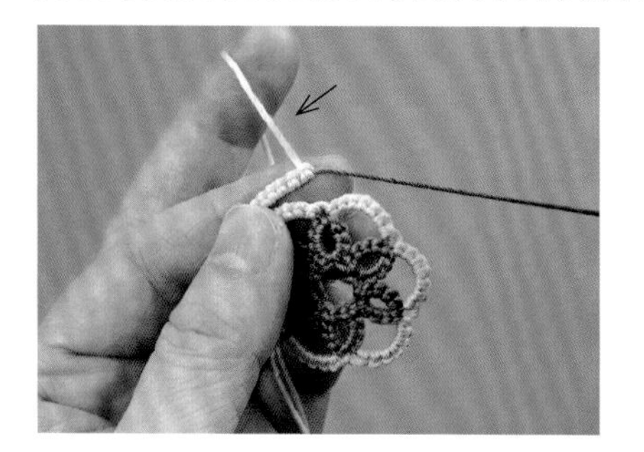

1 用挂在左手上的线做连接。

2 在耳中插入梭尖，从梭子上的线（芯线）的下方挑出挂在左手上的线。

3 穿入梭子后拉紧线。重叠接耳完成。

左边是芯线接耳，右边是重叠接耳。采用重叠接耳时，芯线可以活动，所以后面还可以调整针目的松紧。

基础技法 约瑟芬结的编织方法

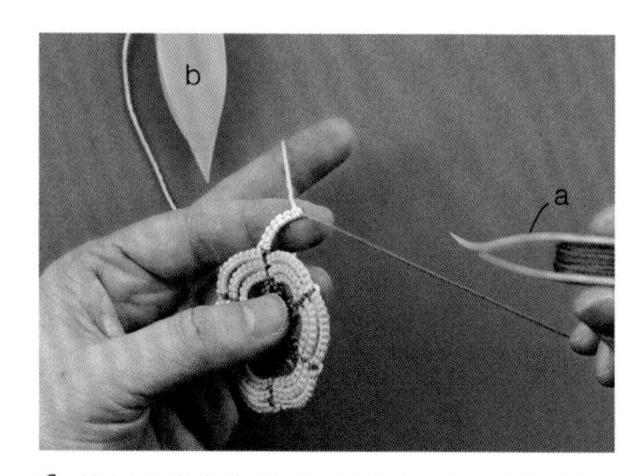

1 编织至指定位置后，暂时放下刚才用来编织的梭子a。

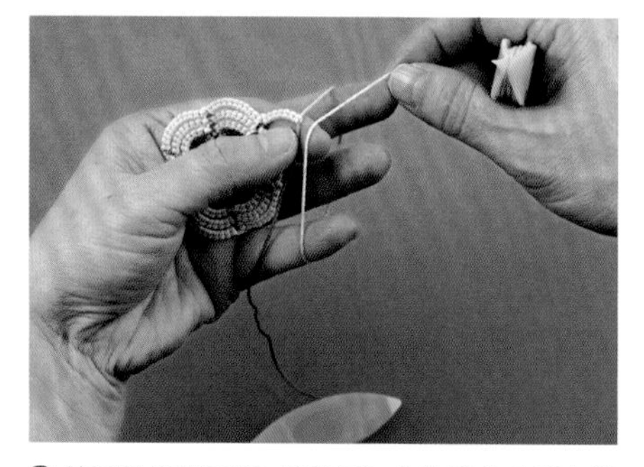

2 按环的编织要领，将梭子b上的线在左手上绕成环。

3 用梭子b上的线编织8针下针。可编织得稍微松一点。

4 8针下针完成。第1针和最后1针稍微紧一点，完成的形状会更加漂亮。

5 按环的编织要领将线收紧。

6 约瑟芬结完成。

由桥组成的饰边

使用2个梭子交替编织。

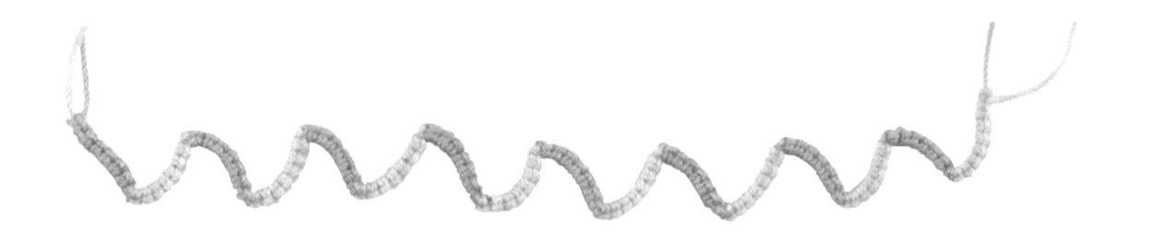

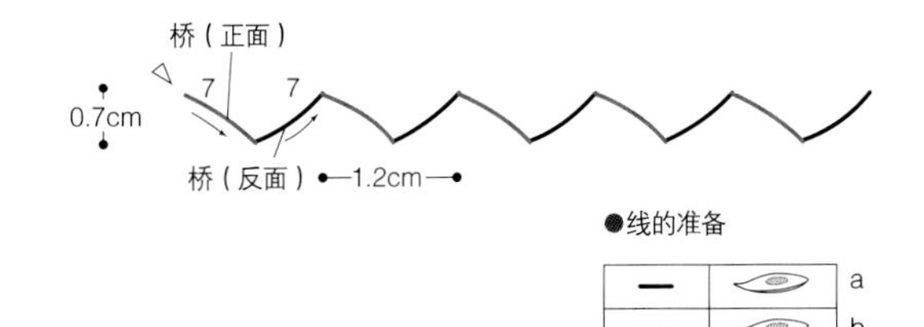

●线的准备

—		a
—		b

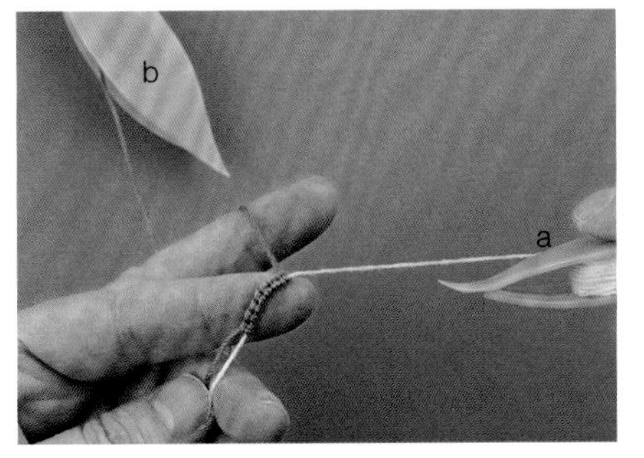

1 用梭子a上的线编织7针基础结。

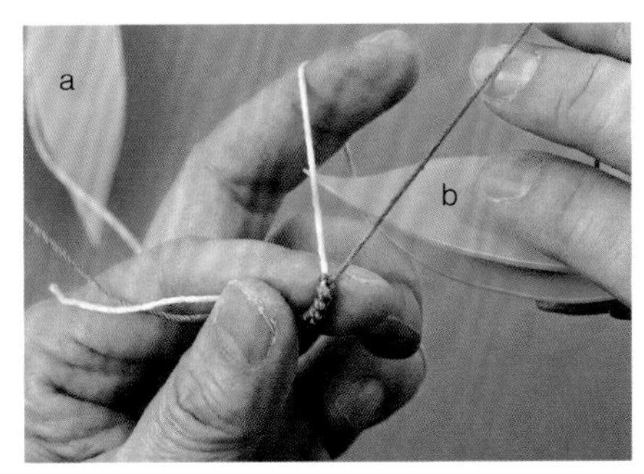

2 翻至反面，用梭子b上的线编织7针基础结。

3 重复以上操作继续编织。

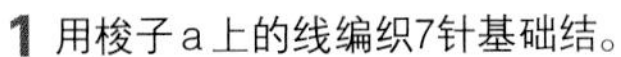

由环和桥组成的饰边4

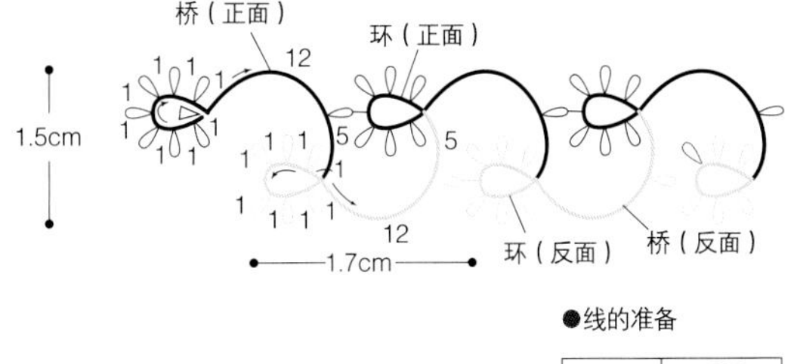

●线的准备

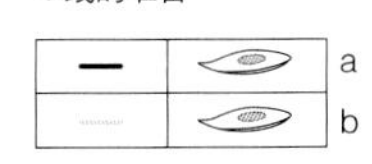

—		a
—		b

1 用梭子a上的线编织环。

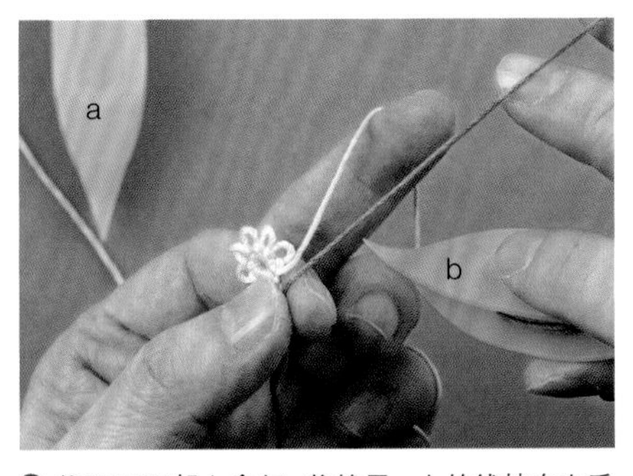

2 将环正面朝上拿好，将梭子a上的线挂在左手上，用梭子b上的线编织桥。

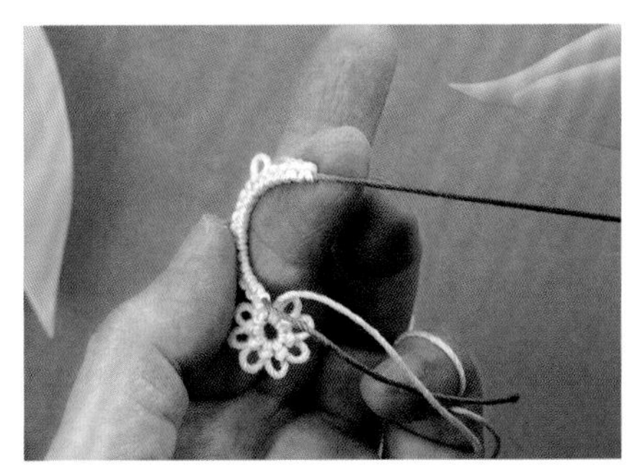

3 环和桥均为正面。

4 将环和桥一起翻至反面。

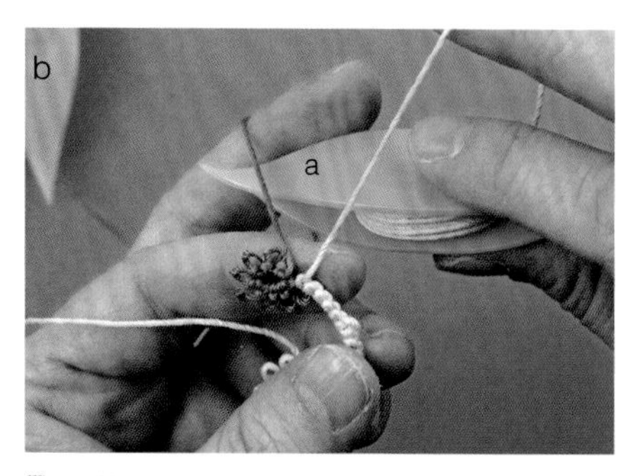

5 用梭子b上的线编织环。接着将梭子b的线挂在左手上，用梭子a上的线编织桥。

6 环和桥均为正面。

7 翻转后编织下一个环。在指定位置接耳。

8 重复以上操作继续编织。

基础花样 内侧与外侧均为环的花片

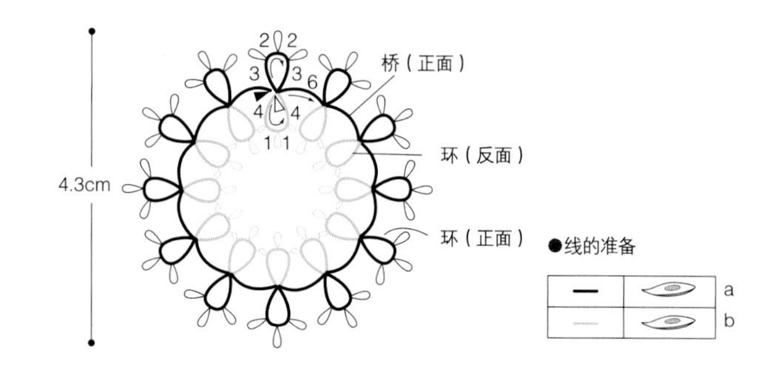

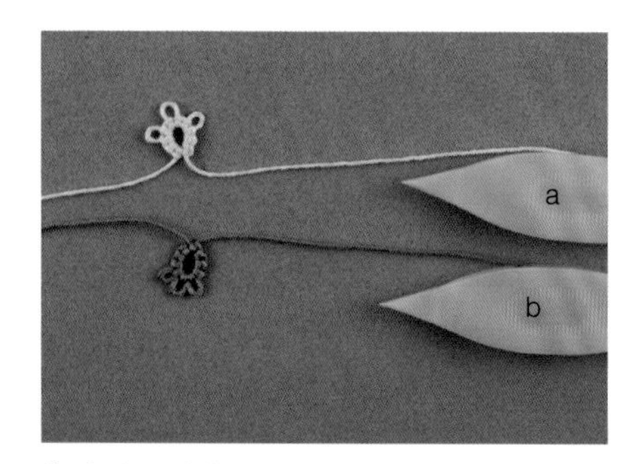

1 分别用2个梭子上的线编织环。

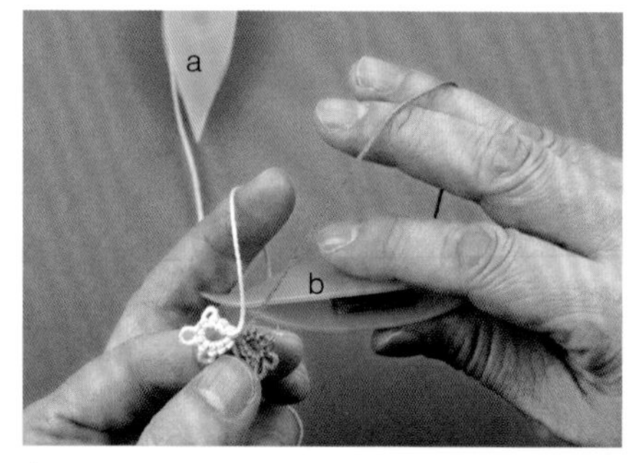

2 将梭子a上的线挂在左手上，用梭子b上的线编织桥。

3 桥编织完成后，再分别用2个梭子上的线编织环。

含模拟环的花片

虽然不是真正意义上的环，但是看上去与一般的环没有差别。

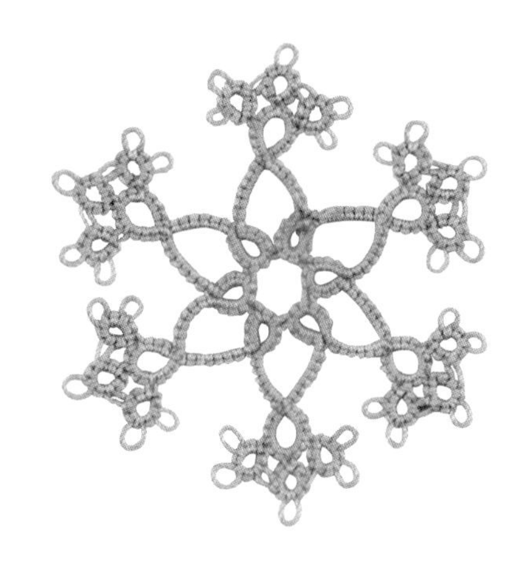

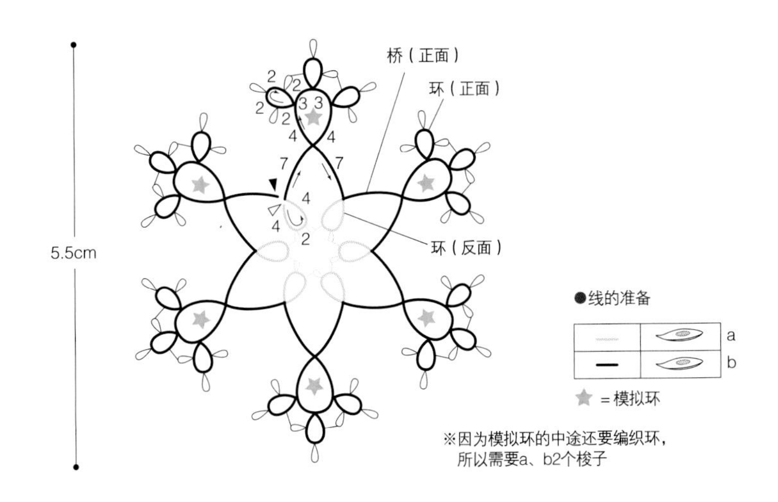

1 编织7针桥后，用梭子a上的线做一个线圈。

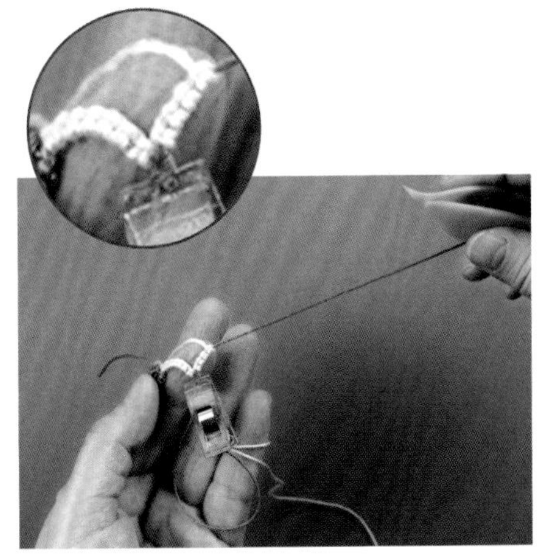

2 为防止线圈缩小，用夹子夹住后操作起来会比较方便（也可以不用夹子）。

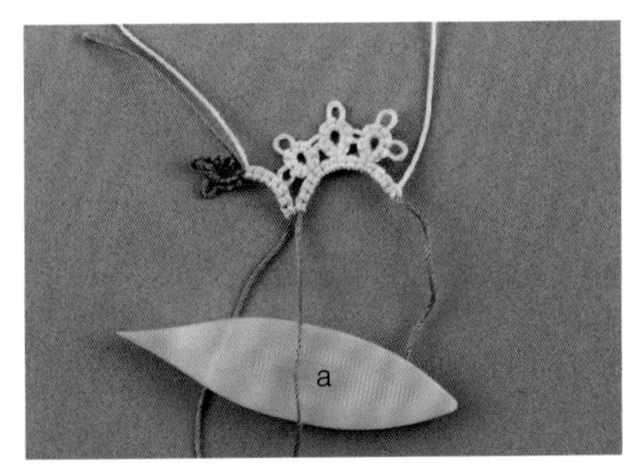

3 编织指定的针数后，取下夹子，在刚才留出的线圈里穿入梭子。

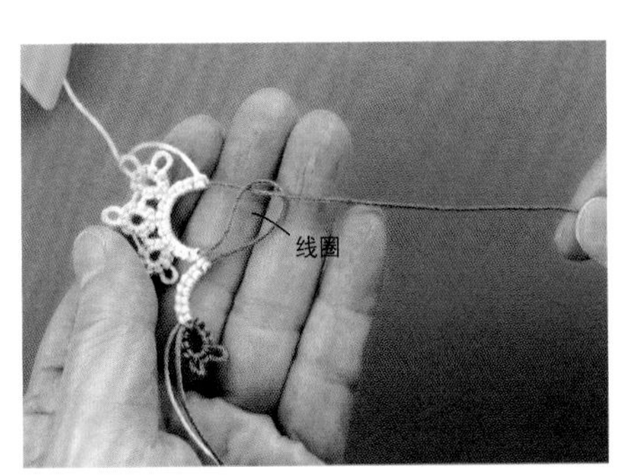

4 拉动梭子a上的线，直至线圈消失。

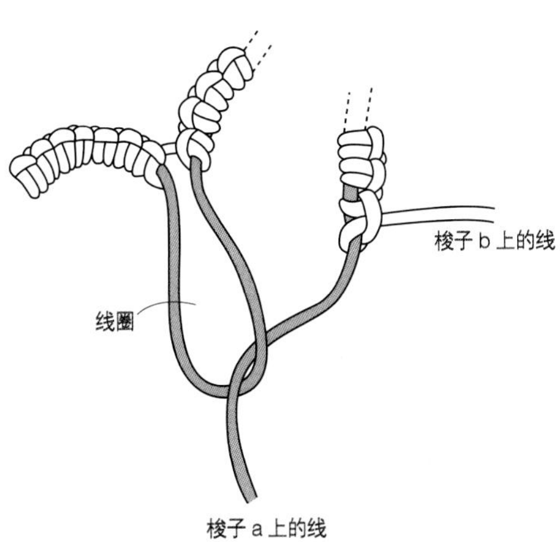

5 模拟环完成。

基础花样 玛格丽特花片

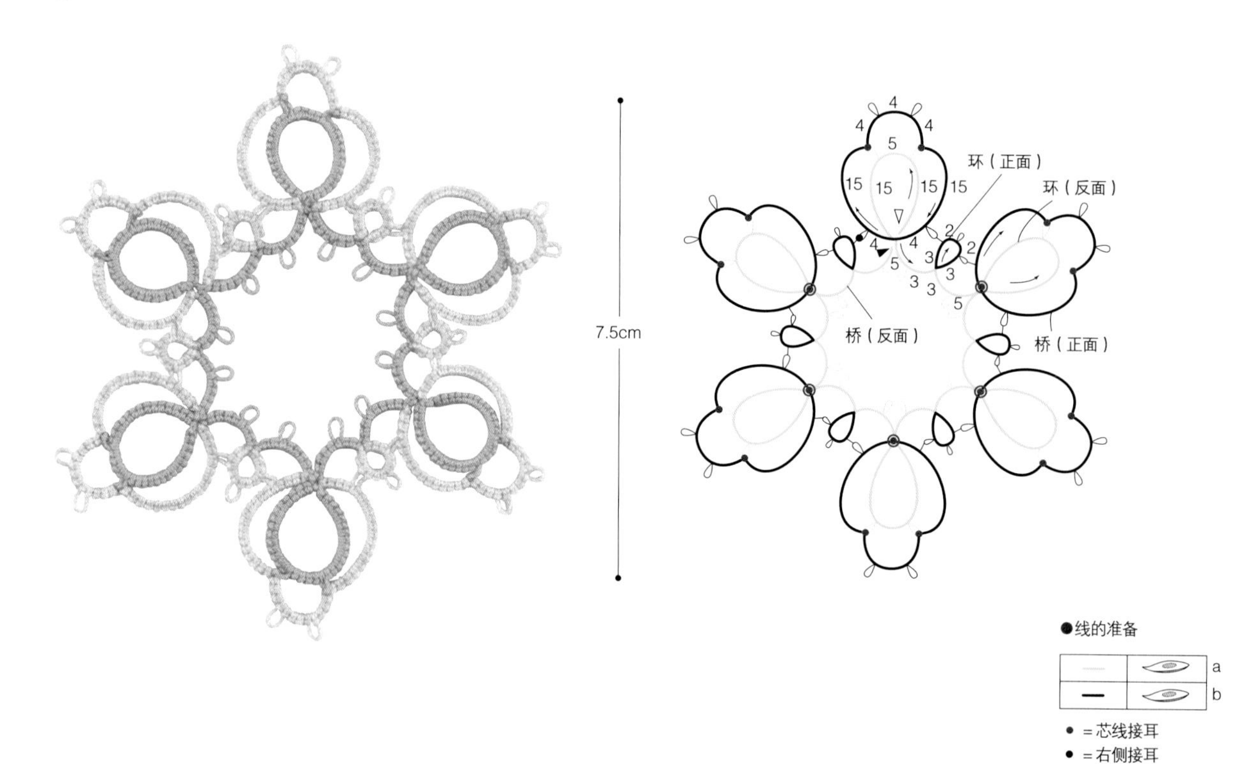

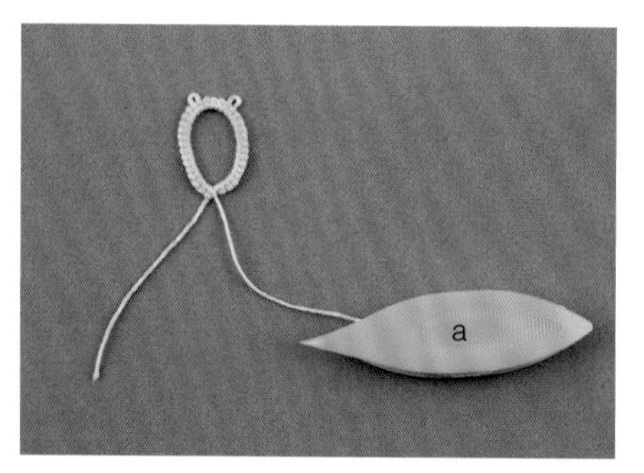

1 编织最初的环。

2 翻至正面，在环的周围编织桥，然后在编织起点的位置做连接。

3 将编织起点的线头从前往后挂在芯线上，捏住线头。

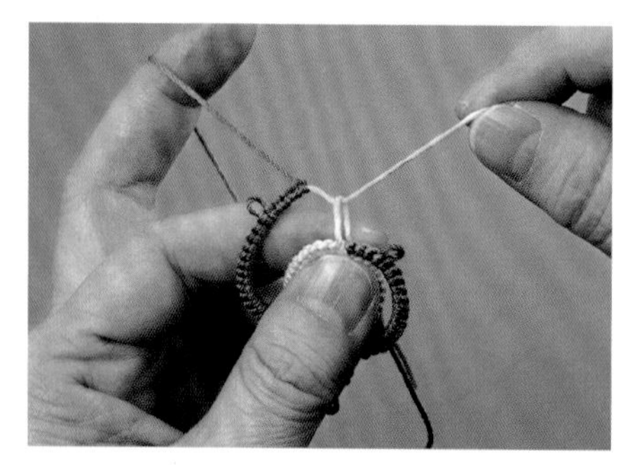

4 拉紧梭子上的线。

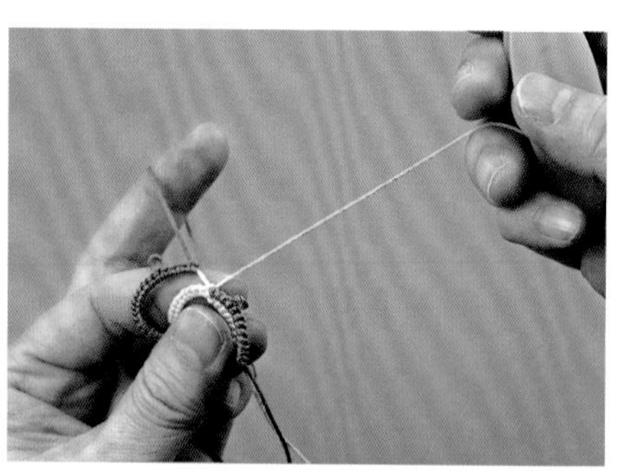

5 也拉紧编织起点的线头。

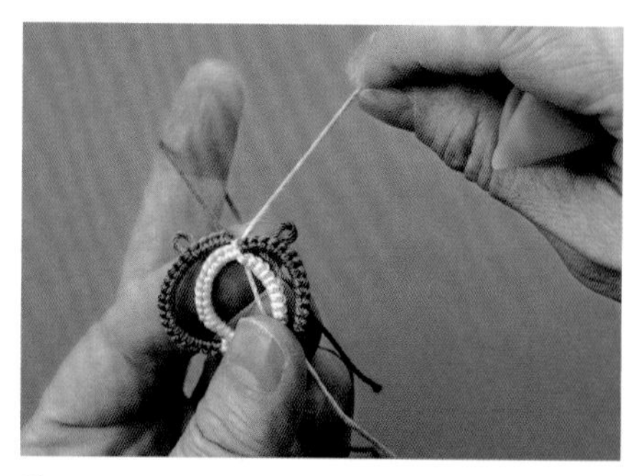

6 用左手捏住。

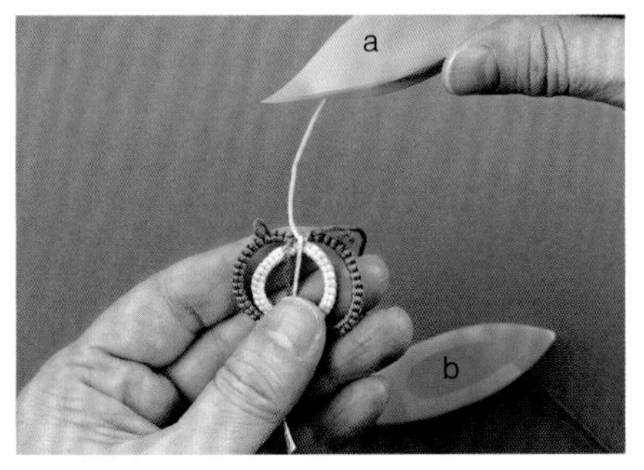

7 捏住编织起点的线头翻至反面。

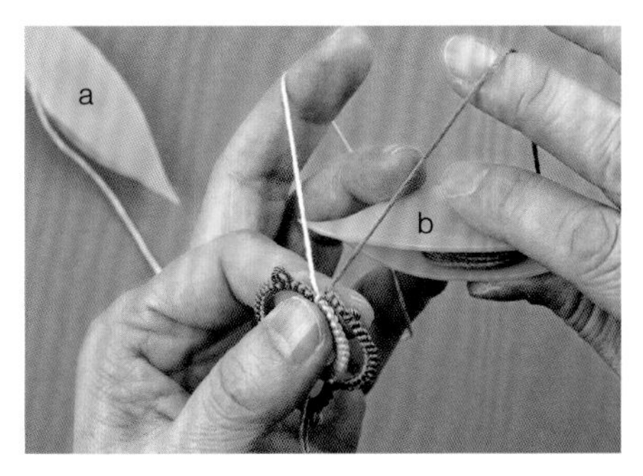

8 将梭子a上的线挂在左手上，用梭子b上的线编织桥。

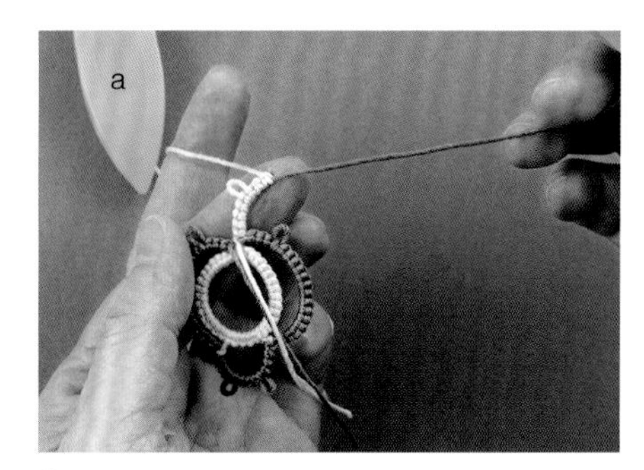

9 桥编织完成后翻回正面，然后一边接耳一边编织环。

10 再翻至反面，编织桥。

11 看着反面接着编织环。

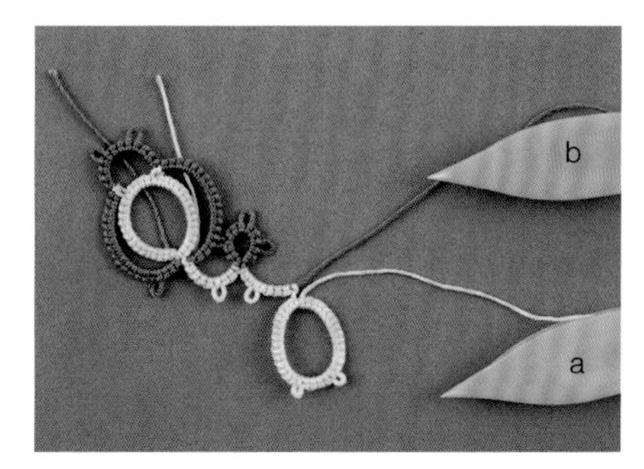

12 翻回正面。

13 编织桥并与环做接耳。重复以上操作继续编织。

这是p.108披肩的花片，用白色线编织并连接成花片。不过，在开始编织前，不妨先用2种颜色的线先练习一下。

Tatting Lace Lesson

Step 2

各种各样的耳和小方块的编织方法

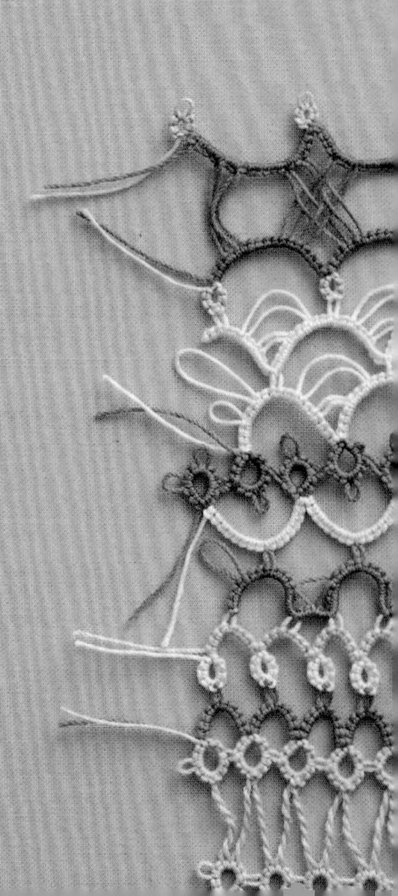

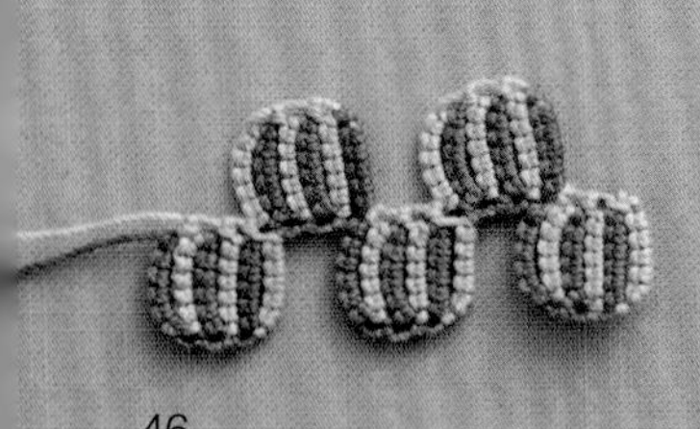

各种耳与接耳的样片

这里制作了大小不同的耳，并尝试用不同的方法进行连接。
或者将耳与耳交叉，或者将耳拧转，可以演绎出无数的连接方法。
参考这个样片，想一想是否有更富创意的连接方法。

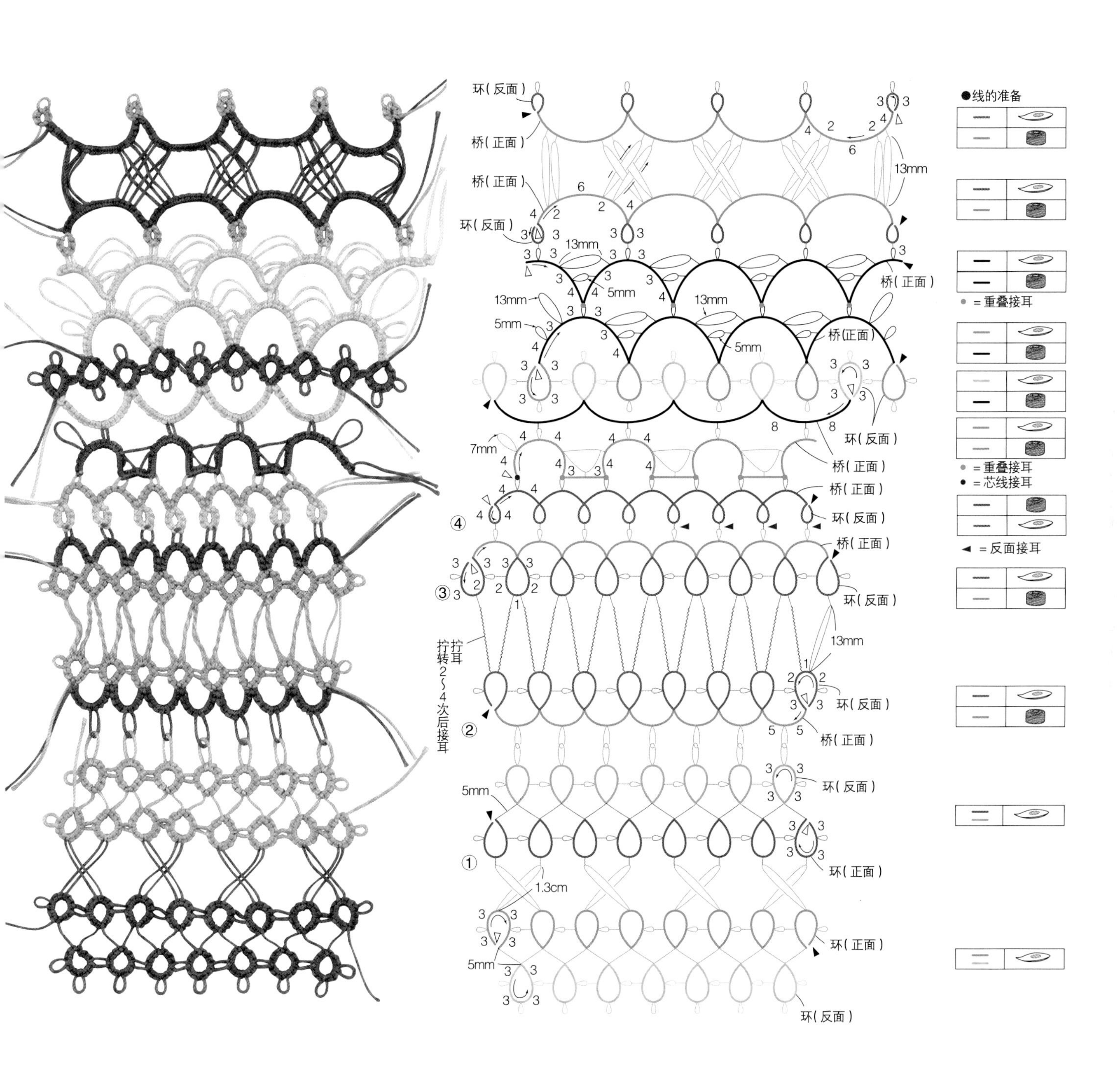

①耳与耳的交叉1(p.48)
②耳与耳的交叉2(p.48)
③拧耳(p.49)
④反面接耳(p.50)

耳与耳的交叉1

2个长耳呈重叠交叉状态。

●线的准备

第1行	—	梭子
第2行	—	梭子

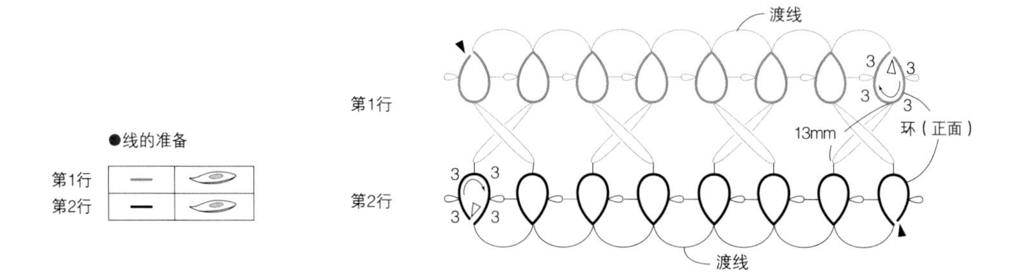

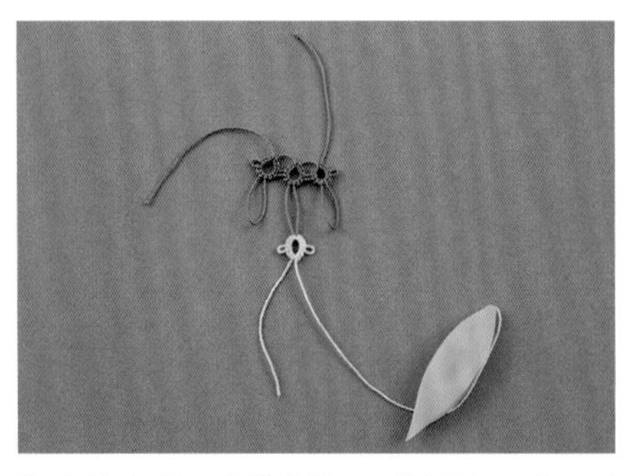

1 在第1行的环上制作长耳。编织第2行的环时与第1行的环做接耳。

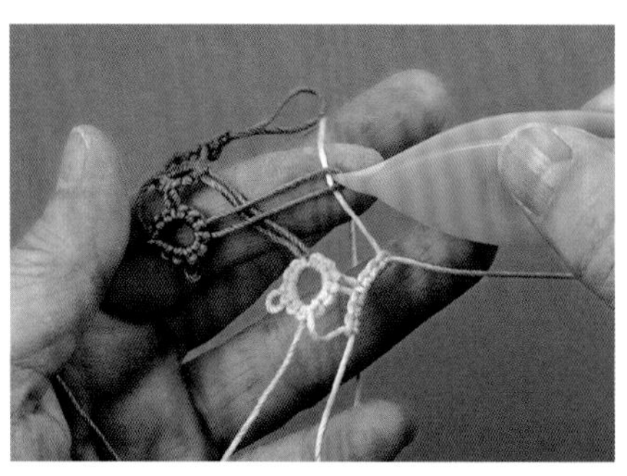

2 将接下来准备连接的耳放在刚才已经连接的耳的上面。

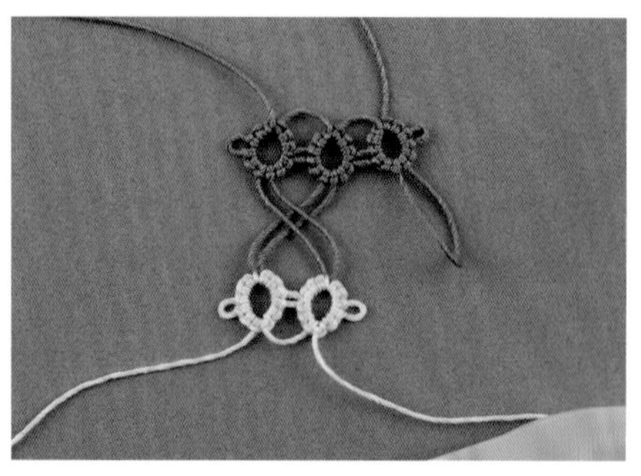

3 接耳后，2个耳呈交叉状态。

耳与耳的交叉2

制作第2行的耳时，仿佛套在第1行的耳上。

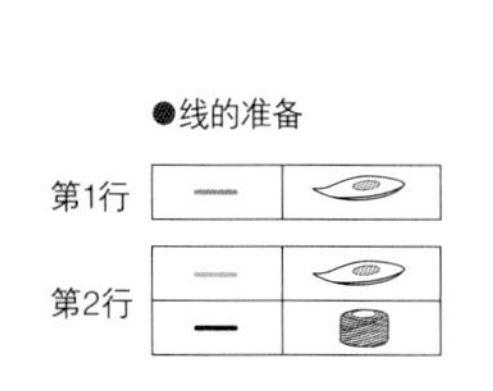

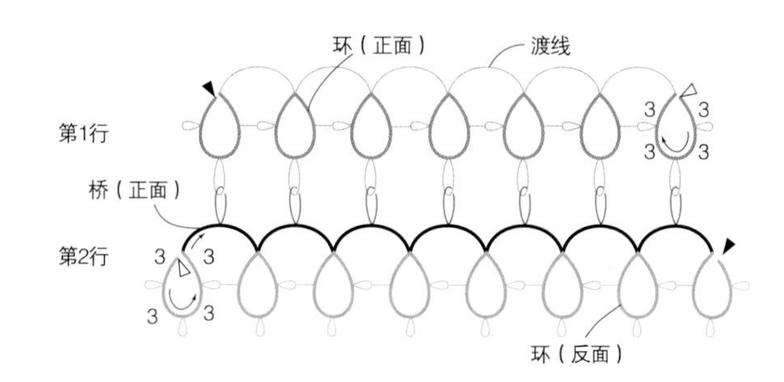

1 第1行的环编织完成后，在准备做交叉的耳上预先穿入线团的线。

2 编织第2行的环，翻至反面。

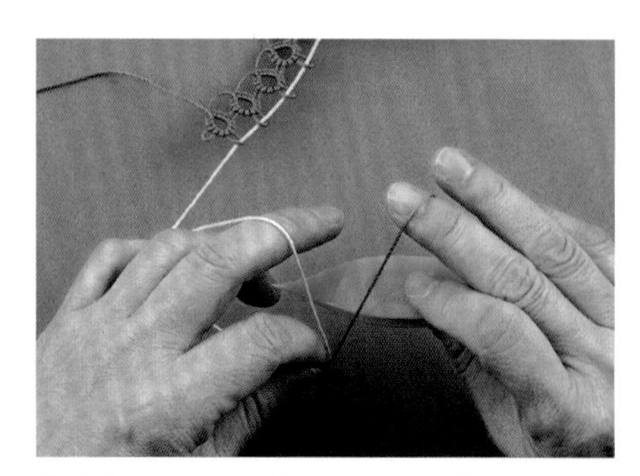

3 将穿入耳上的线挂在左手上，开始编织桥。

4 编织至耳的前面，为了方便操作，将耳与耳之间的线拉出并挂在左手上。

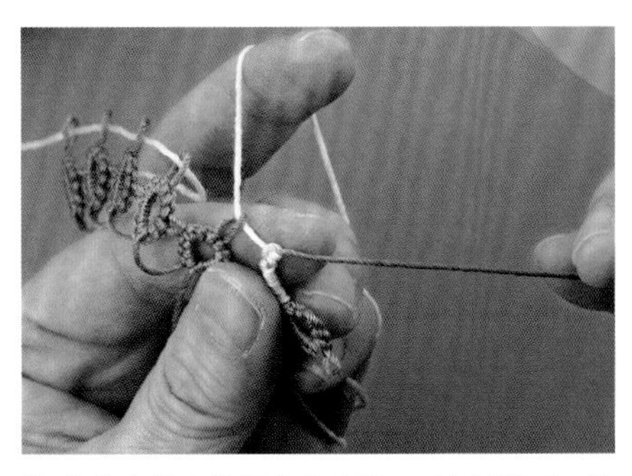

5 将穿在线上的耳夹在中间，一边制作耳一边编织下一个基础结。

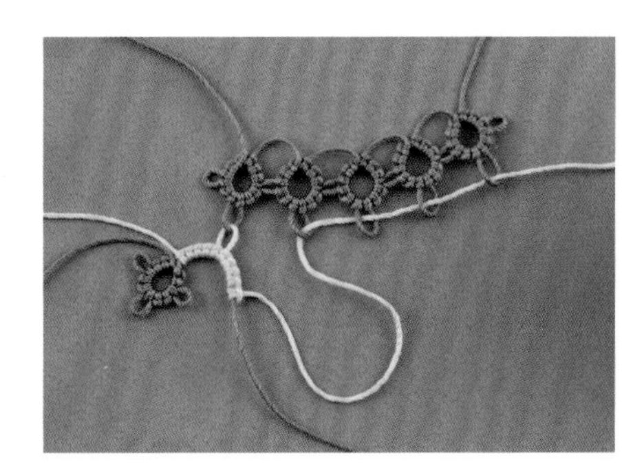

6 2个耳呈交叉状态。

拧耳

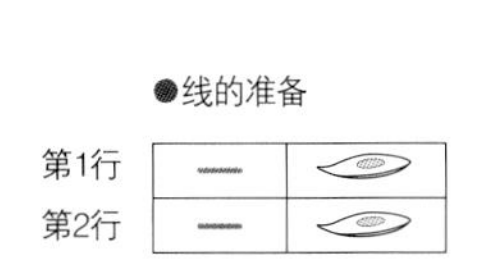

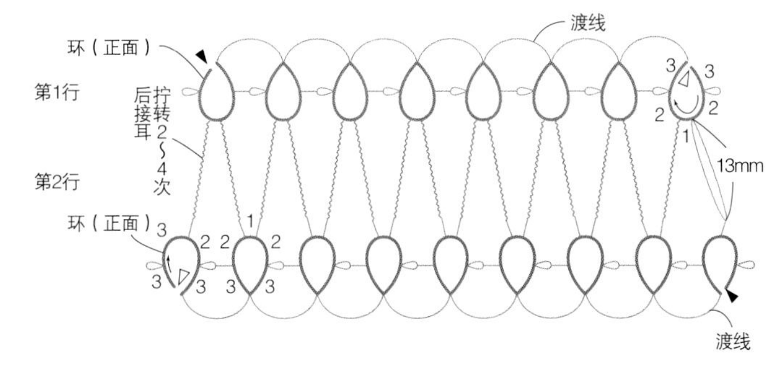

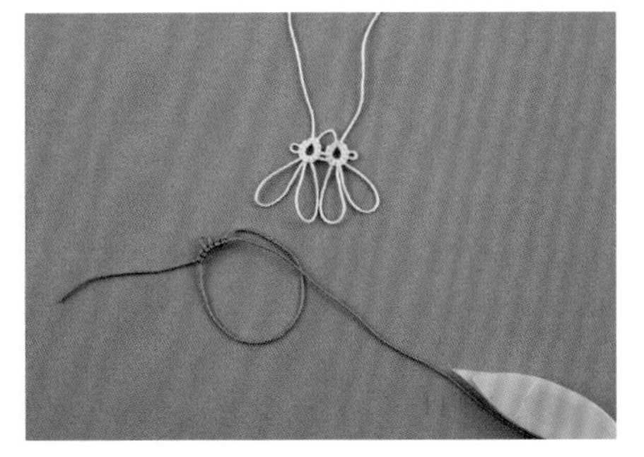

1 在第1行的环上制作长耳。开始编织第2行的环。

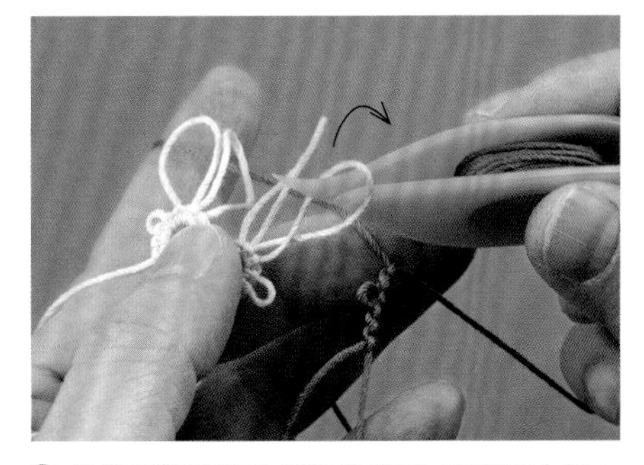

2 编织至待连接的指定位置后，在长耳中插入梭尖，朝箭头所示方向拧转。

3 拧转2~4次后接耳。

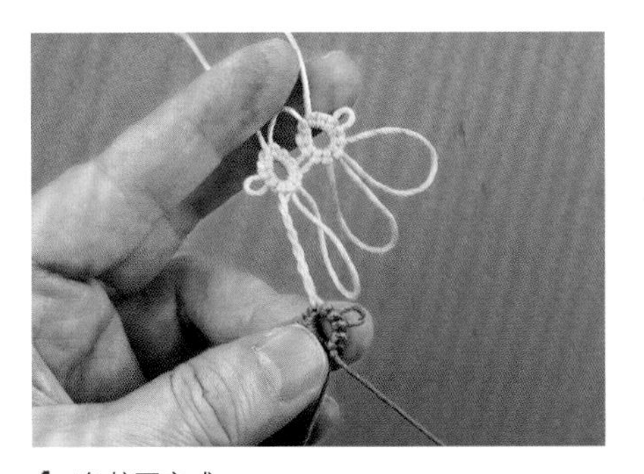

4 1条拧耳完成。

5 按相同要领，下一个耳也是拧转后再做接耳。连接2条拧耳后就不会松散了。

反面接耳

看着作品的反面接耳时、用2种颜色的线编织时，
为了避免接耳位置的正面出现不同颜色的线，就会用到反面接耳的方法。

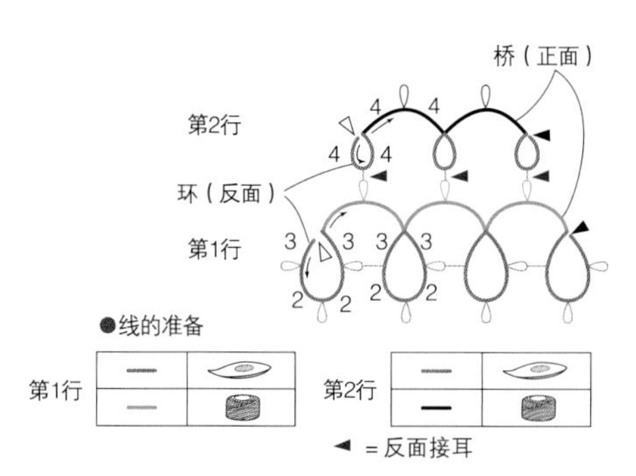

1 第2行编织至指定位置后，将线放在待连接的耳的上面。

2 从下往上插入梭尖，将线拉出。

3 在拉出的环里穿入梭子。

4 拉紧。继续编织环。

5 从正面看到的状态。左边是正常接耳的效果，右边是反面接耳的效果。

各种各样的耳

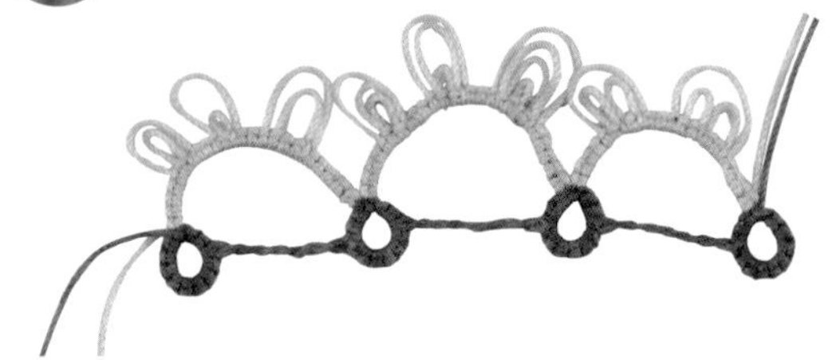

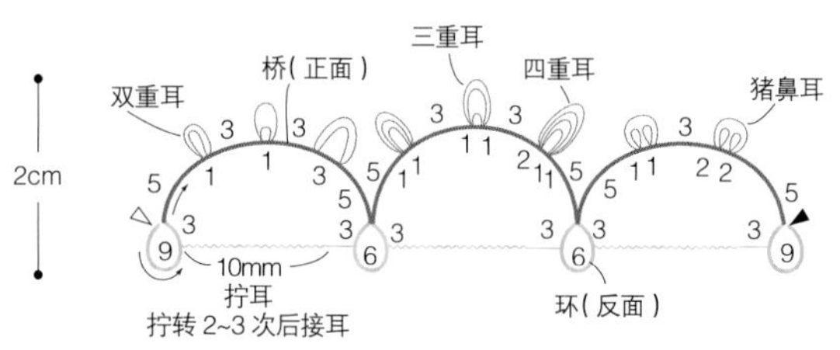

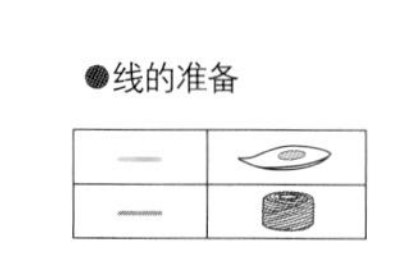

双重耳

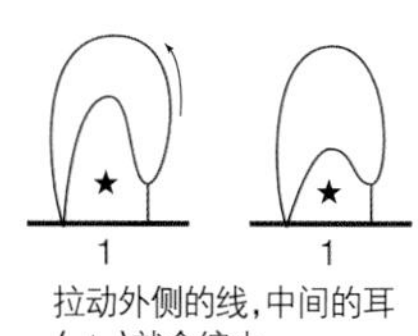

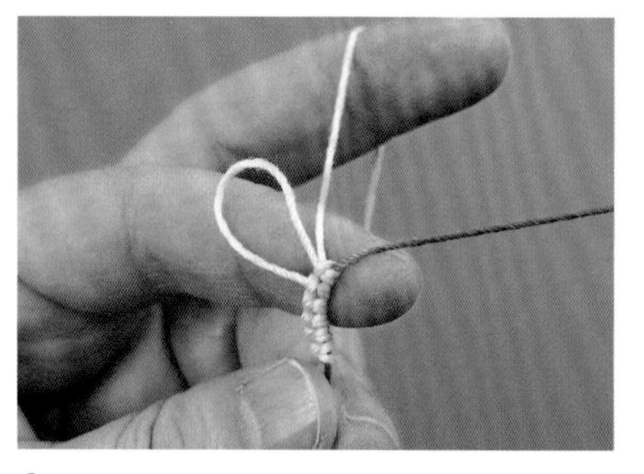

1 制作长耳。

2 将耳折一下，按接耳的要领用梭尖挑出线。

3 捏住弯折的耳，穿入梭子后拉紧。

4 继续编织基础结。双重耳完成。

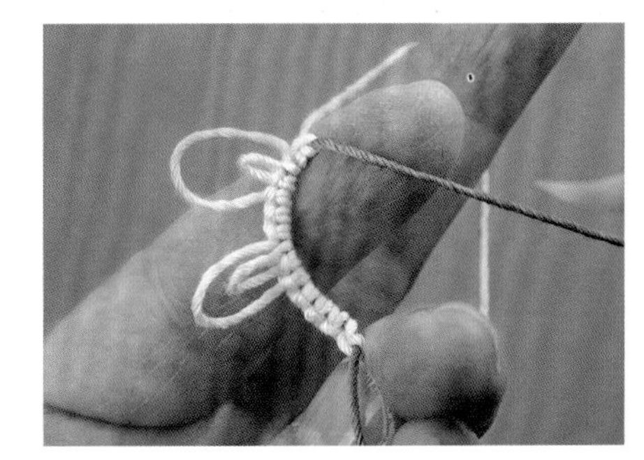

5 通过改变耳的折法和连接位置，可以调整耳的大小。

三重耳

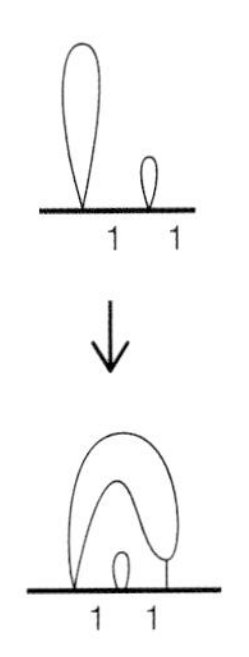

1 依次制作长耳和小耳。

2 将长耳的一端往下折，使其覆盖在小耳上，然后接耳。

猪鼻耳

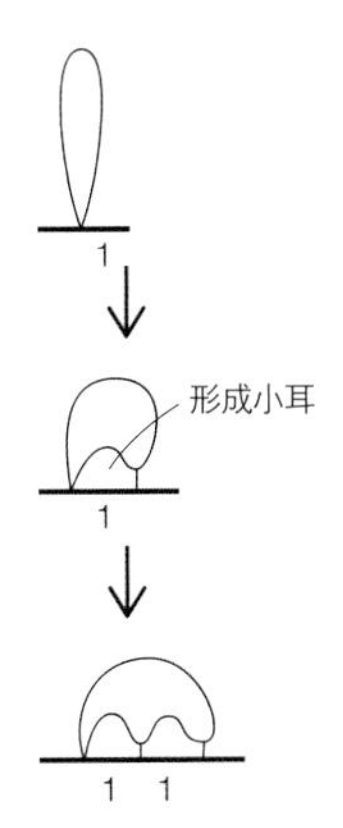

1 制作长耳后，如左图所示接耳，形成1个小耳。

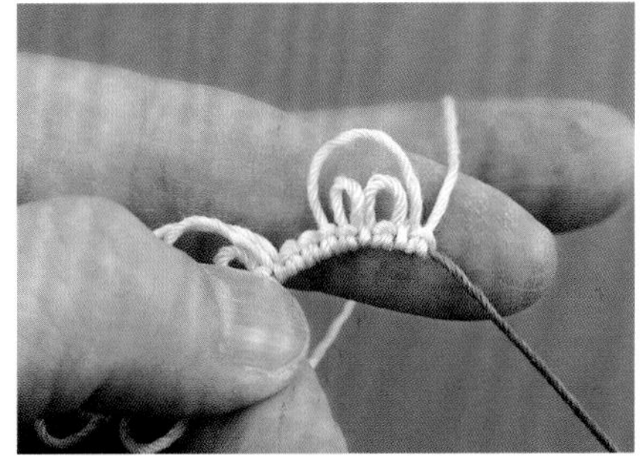

2 编织1针基础结，用外圈的长耳再做一次接耳，形成1个大耳里套着2个小耳的状态。

四重耳

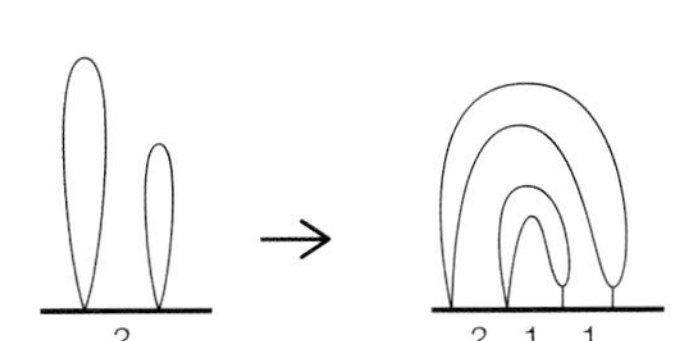

通过长耳和小耳的组合，可以编织出各种重叠状态的耳。

三角双重耳

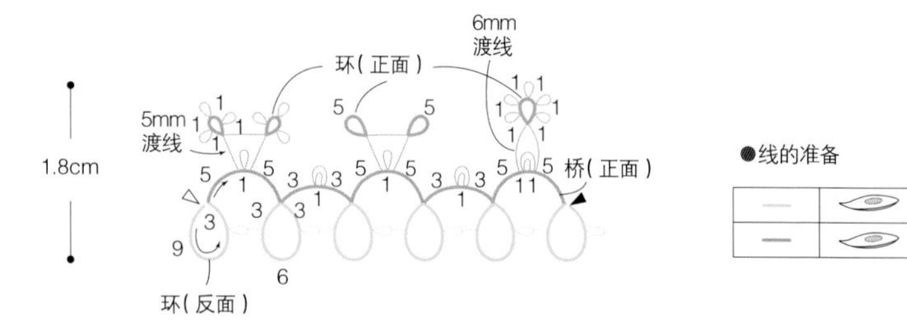

●线的准备

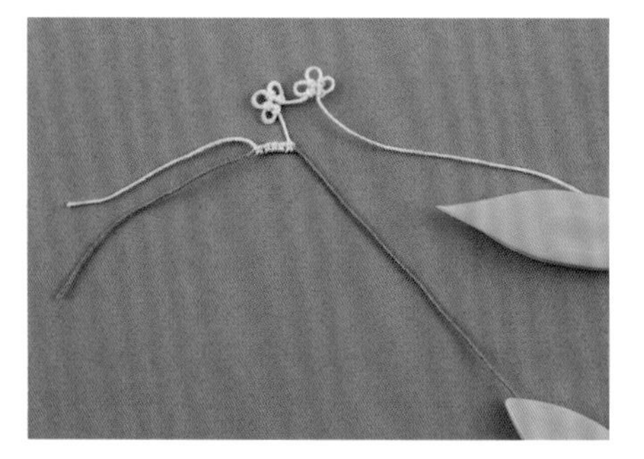

1 一边渡线一边编织2个小环。

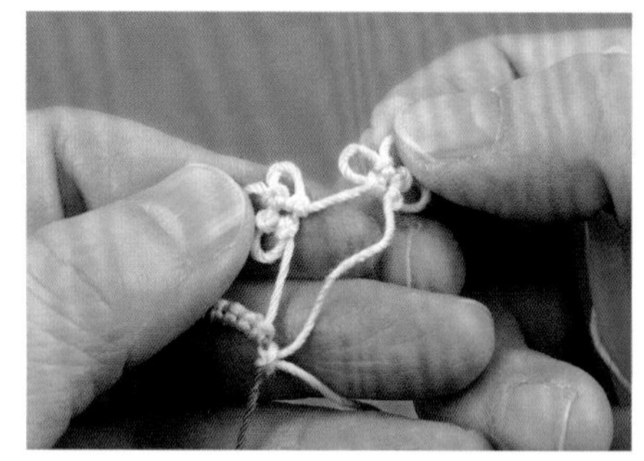

2 第3条边留长一点编织1针基础结，作为耳。

3 按双重耳的制作要领接耳，形成1个小耳。

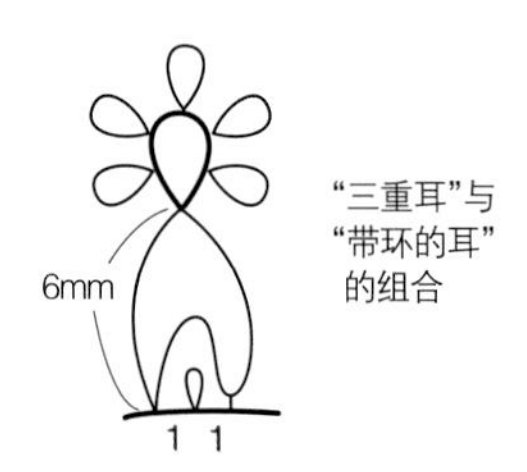

4 依次制作1个带环的长耳和1个小耳。

5 接耳，使长耳覆盖在小耳上。

双重耳的花片

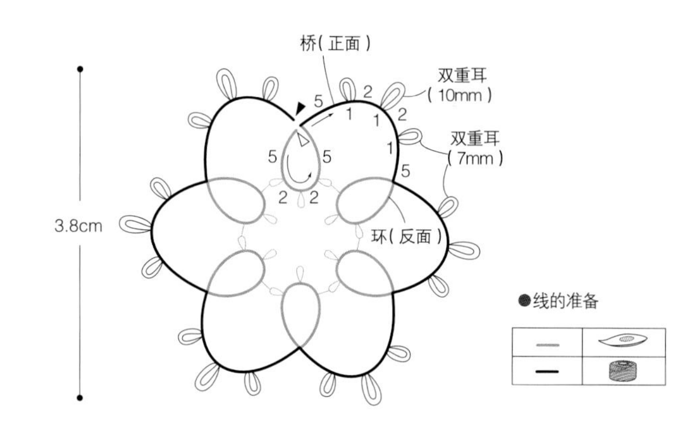

由小方块组成的饰边

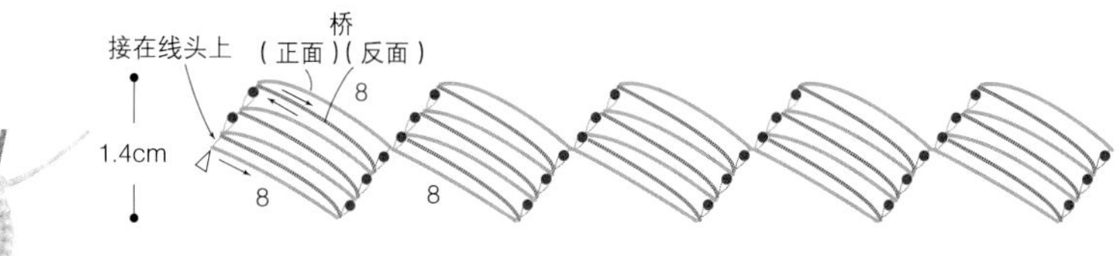

●线的准备

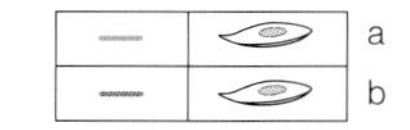

● =芯线接耳

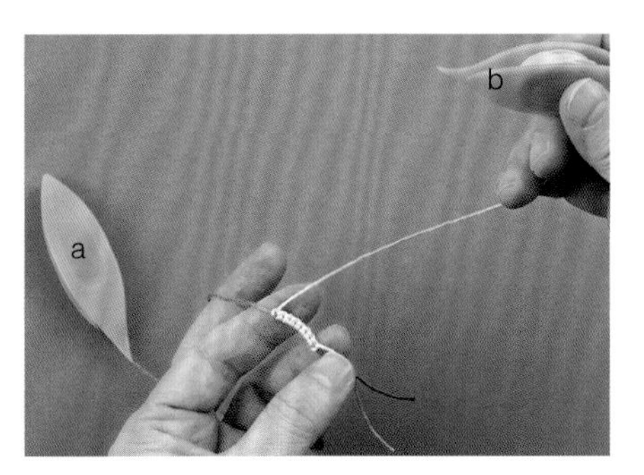

1 用梭子a上的线编织桥后，翻至反面，换成梭子b。

2 留出一点渡线作为小耳，继续编织桥。

3 第2行编织完成后，将编织起点的线挂到后面。

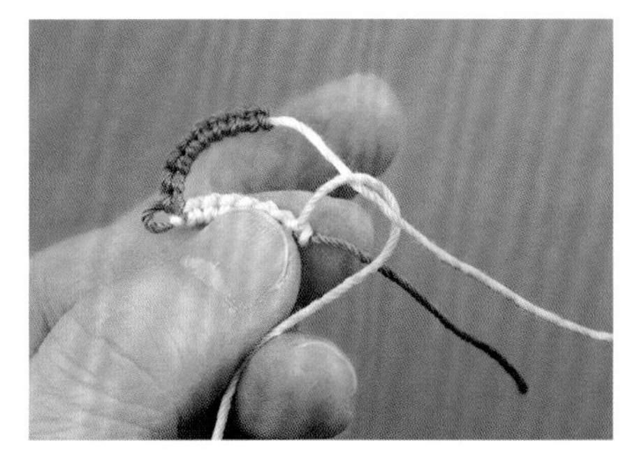

4 拉紧各条线，翻回正面，换成梭子a。先打一个结以免松开。

5 留出一点渡线作为小耳，继续编织桥。

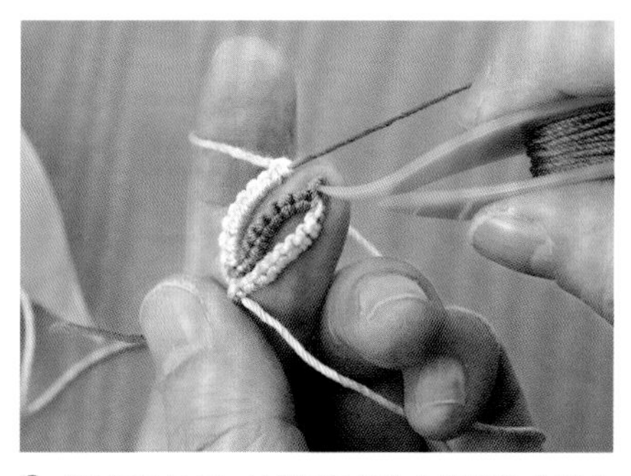

6 第3行的最后，从第2行起始处留出的小耳中挑出梭子上的线（芯线）。

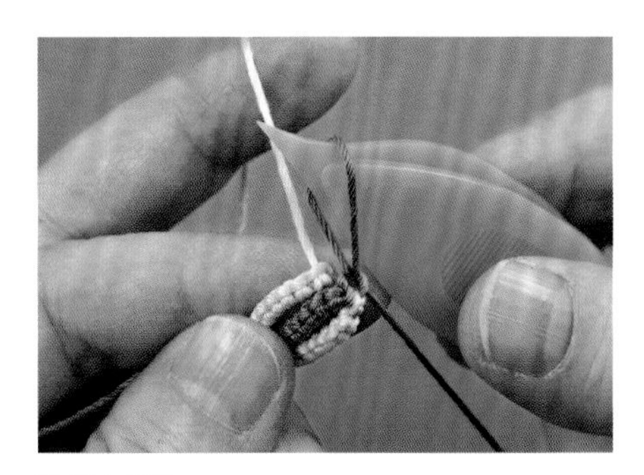

7 穿入梭子。

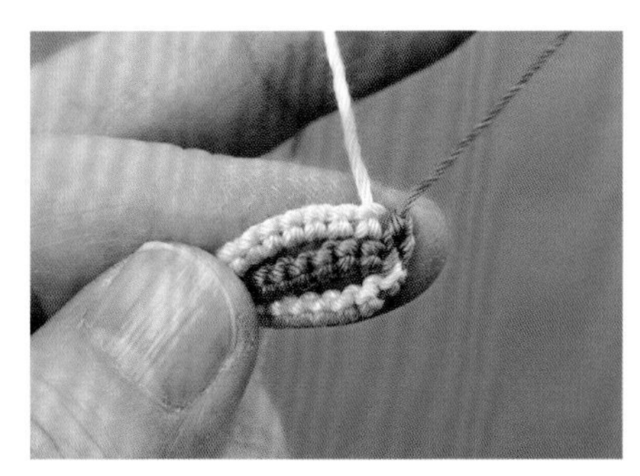

8 芯线接耳完成。这里使用与耳同色的线做连接。

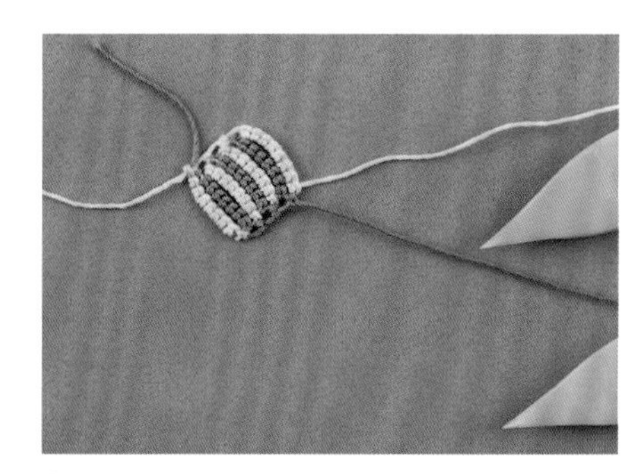

9 重复以上做法，继续编织由小方块组成的饰边。

含小方块的花片的编织方法

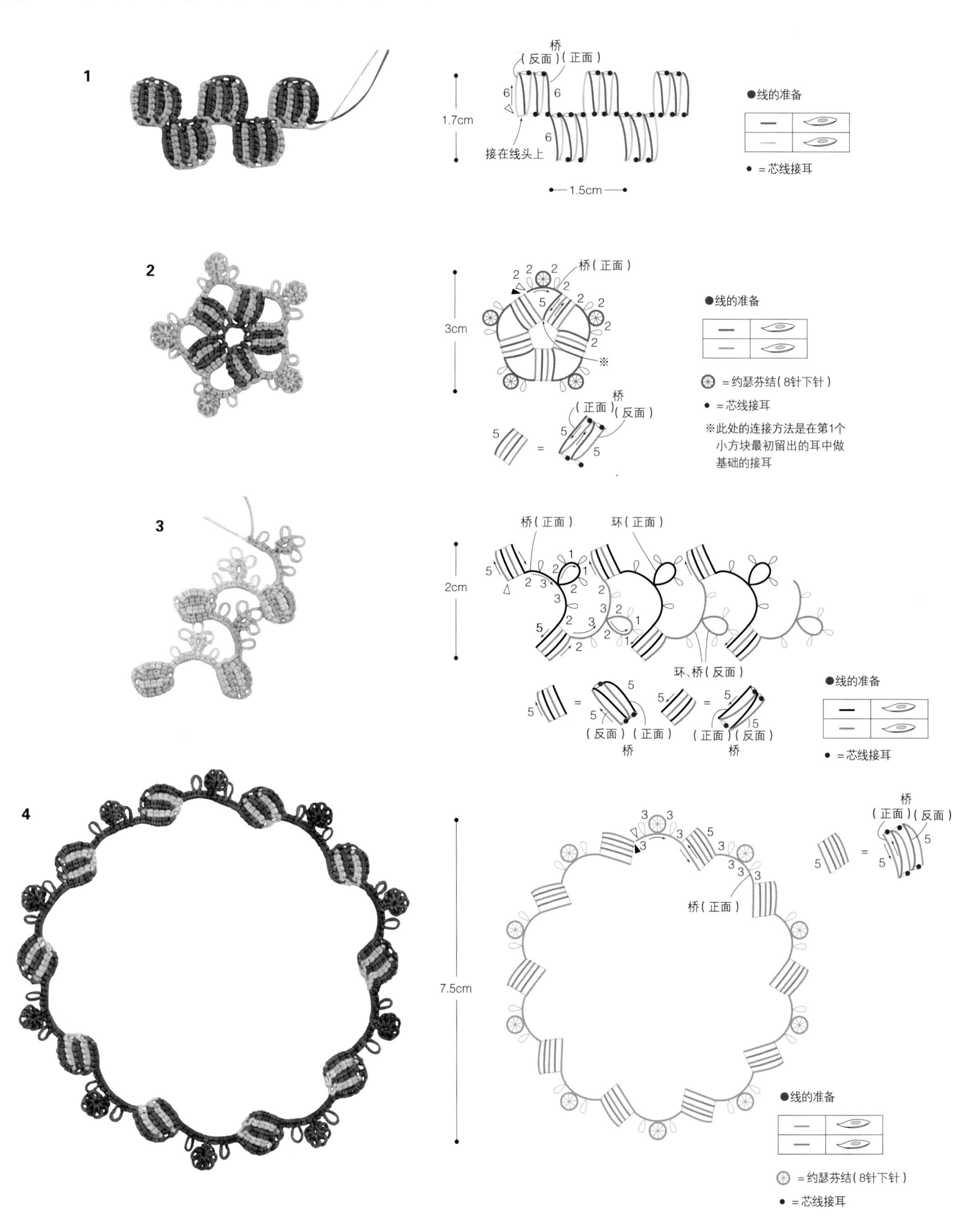

Tatting Lace Lesson

Step 3

应用技巧

由分裂环组成的饰边1 分裂结的编织方法

使用2个梭子编织。这是无须断线就可以移至下一行继续编织的方法。

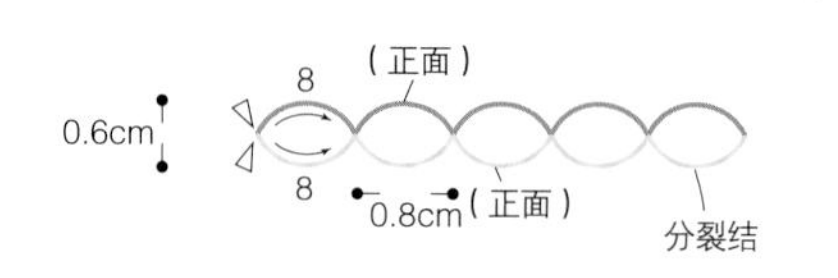

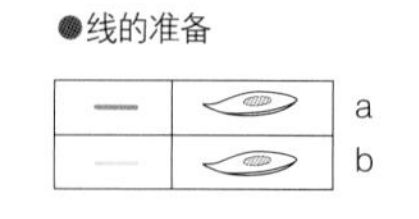

分裂结

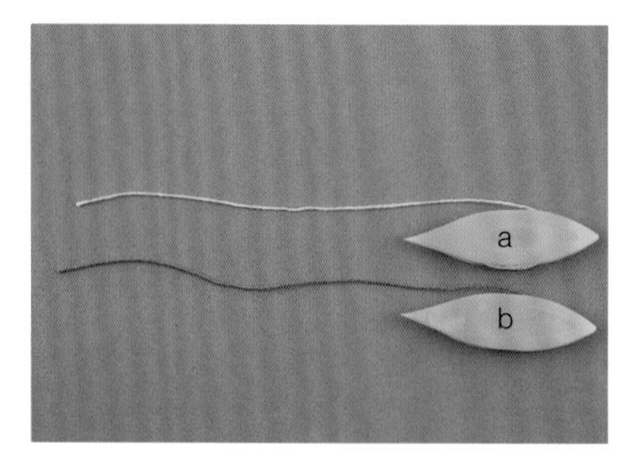

1 分别在2个梭子上绕好线。

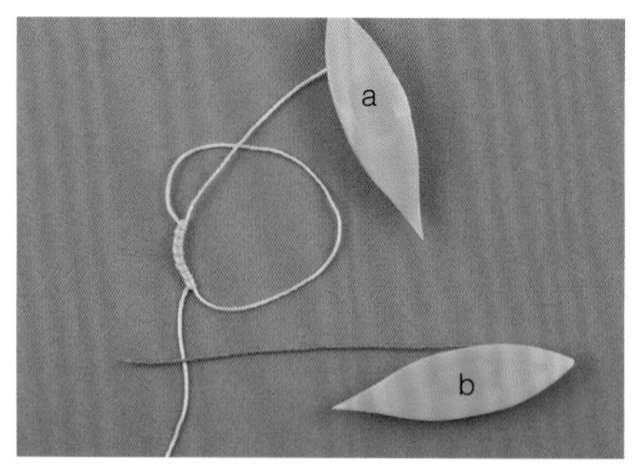

2 按环的编织要领，用梭子a上的线编织8针基础结。

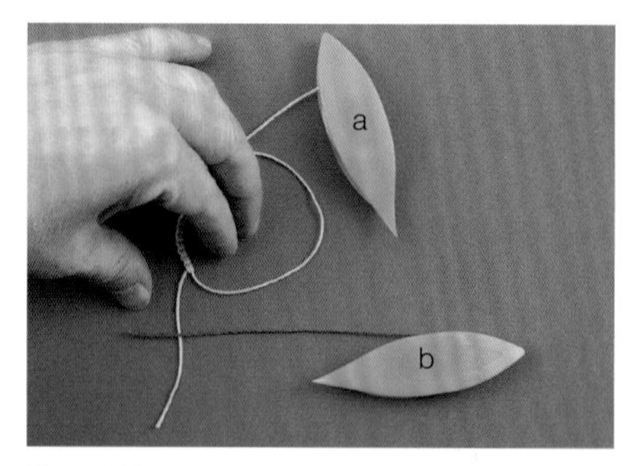

3 暂时放下梭子a，将手指放入线环中。

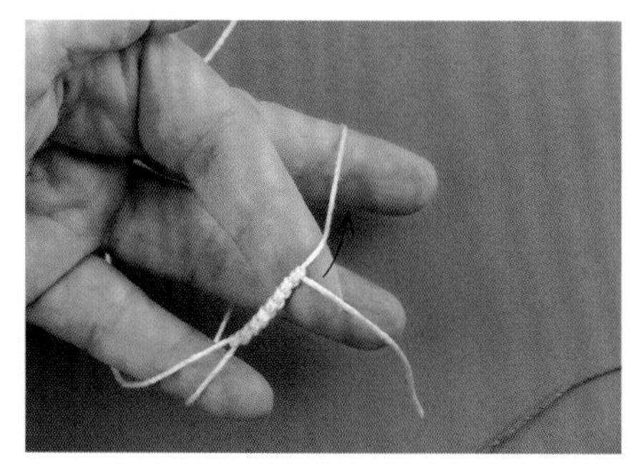

4 调整方向拿好。接下来朝箭头所示方向继续编织。此时针目的结头朝下。

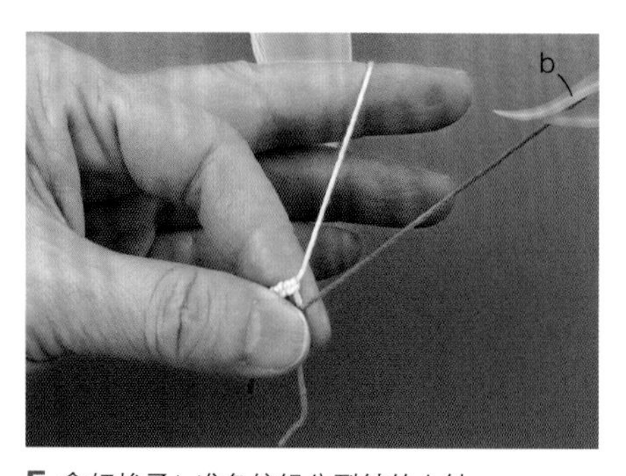

5 拿好梭子b准备编织分裂结的上针。

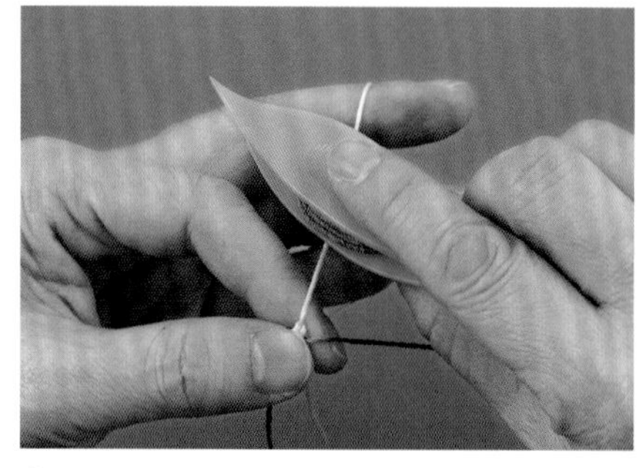

6 将梭子从左手挂线的上方穿过，再从下方穿回。

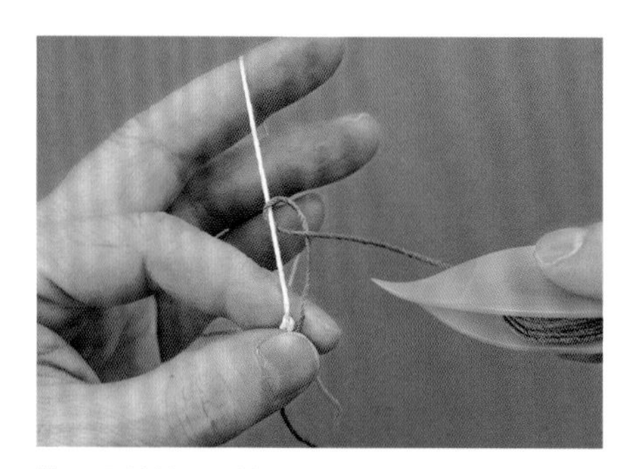

7 不要放松左手挂线，拉动梭子上的线。

分裂结的上针

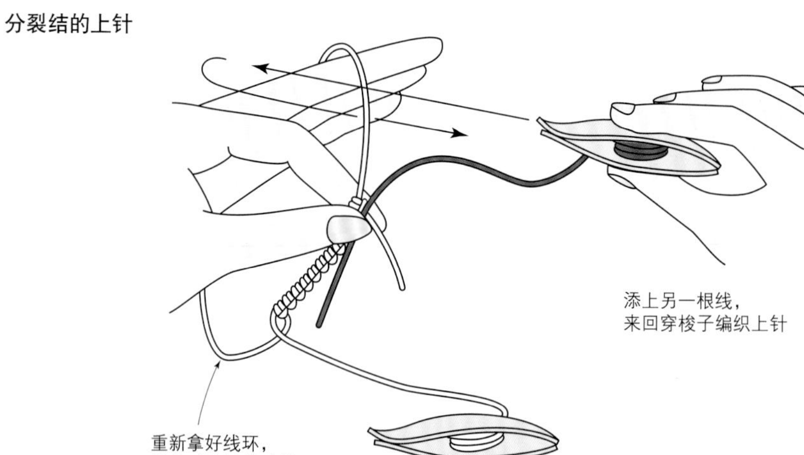

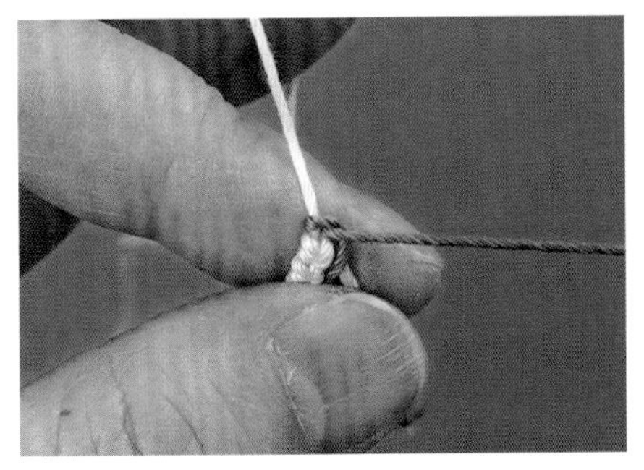

8 将上针拉至最初编织的针目边上。

分裂结的下针

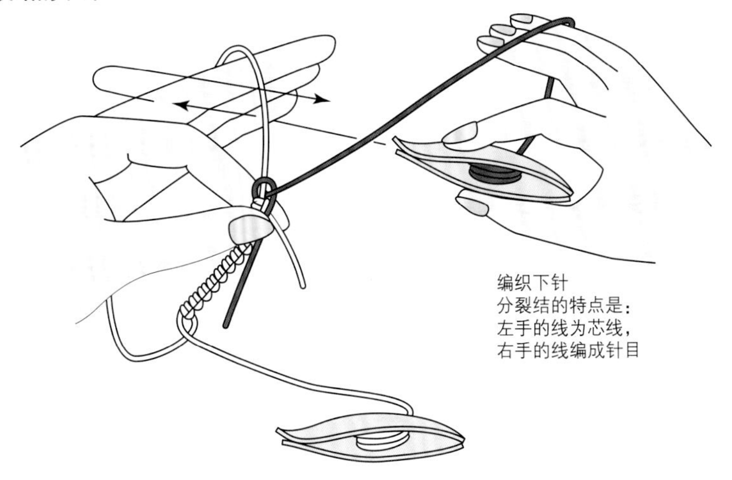

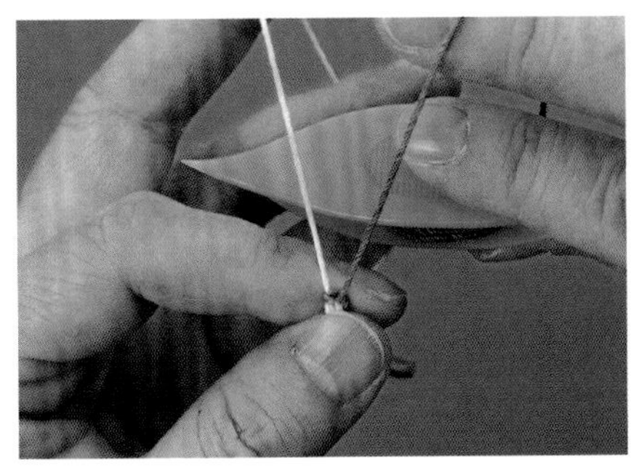

9 接着编织分裂结的下针。

左侧是基础结，右侧是分裂结。虽然看上去没有什么区别，但是编织基础结时，芯线是梭子上的线，将左手的挂线编成针目；编织分裂结时，芯线是左手的挂线，将梭子上的线编成针目。

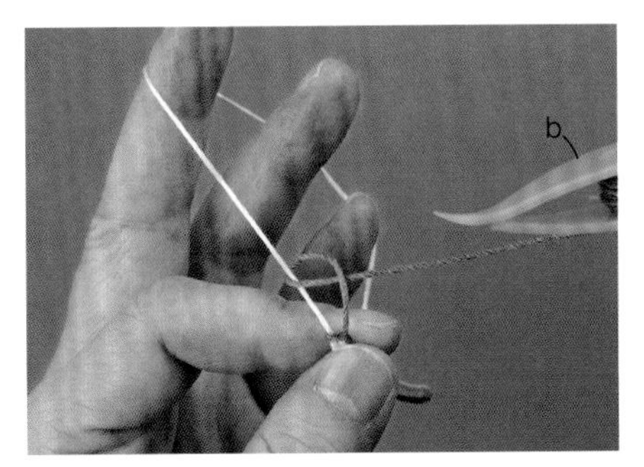

10 不要放松左手挂线，拉动梭子b上的线。

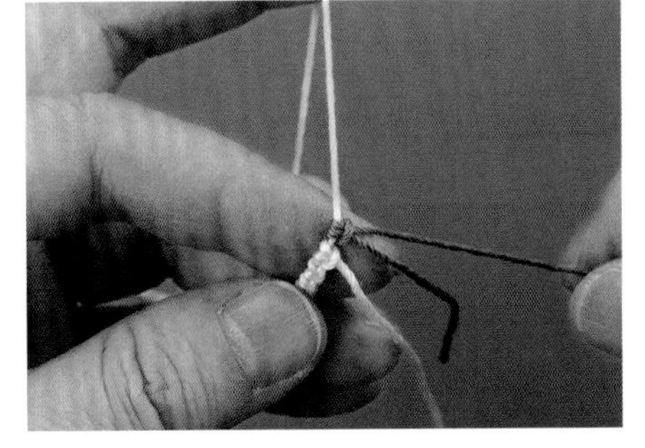

11 将下针拉至上针的边上。

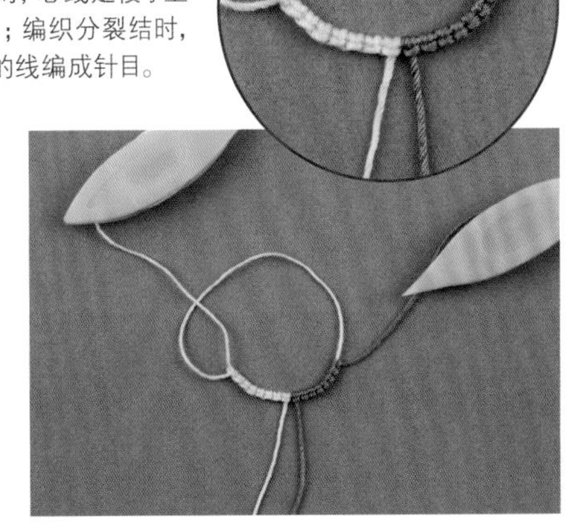

12 重复以上操作继续编织分裂结。

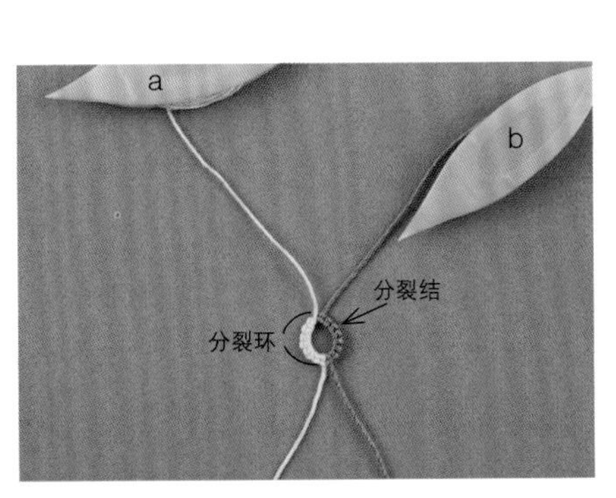

13 拉动梭子a上的线收紧线环，分裂环就完成了。

14 从第2个分裂环开始，编织时注意分裂结最初的上针要紧靠相邻的分裂结。

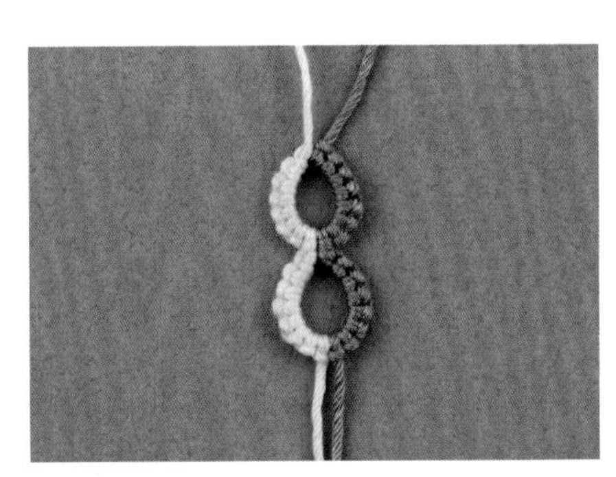

15 2个分裂环完成。

由分裂环组成的饰边2 在分裂结的中途编织环

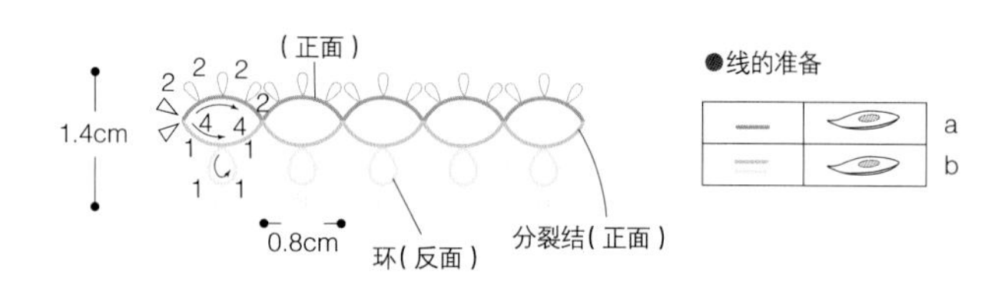

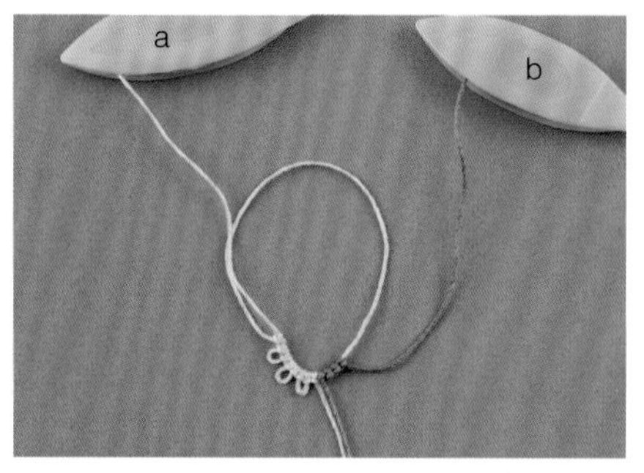

1 用梭子a上的线开始编织环，调整方向重新拿好后用梭子b上的线编织分裂结。

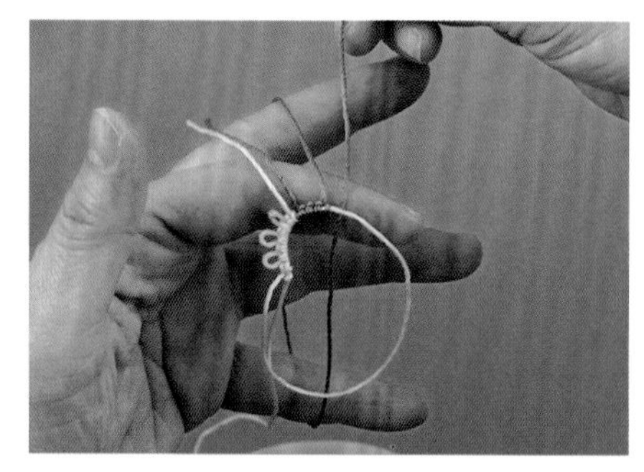

2 编织4针分裂结后暂时取下线环，用梭子b上的线在左手上绕成环形。

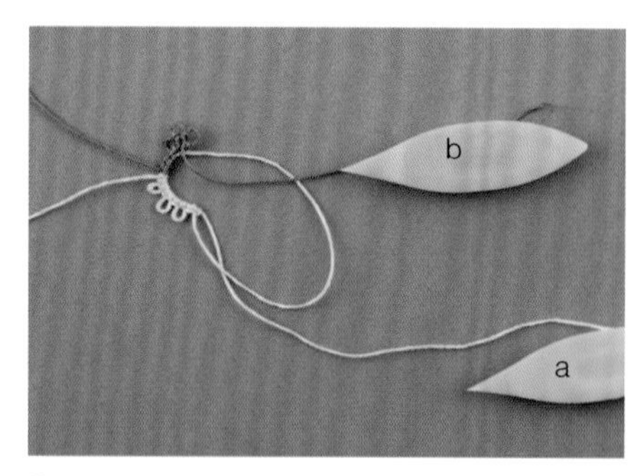

3 按普通的基础结编织环。

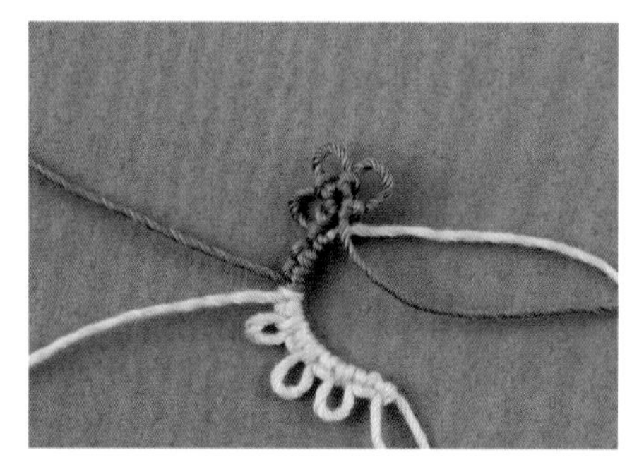

4 分裂结边上的环编织完成。翻至反面。

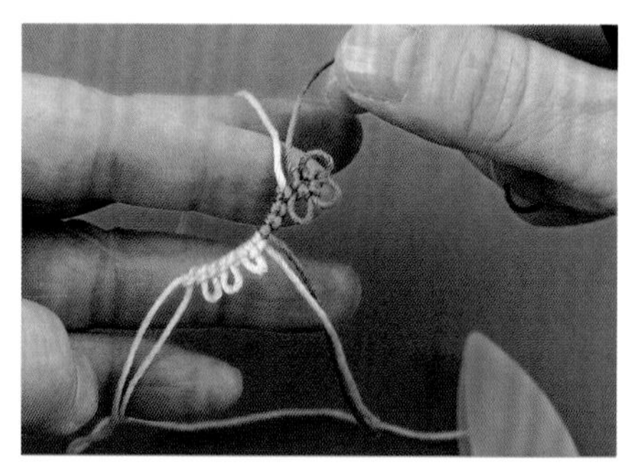

5 将梭子a上的线环套在左手上，用梭子b上的线继续编织分裂结。

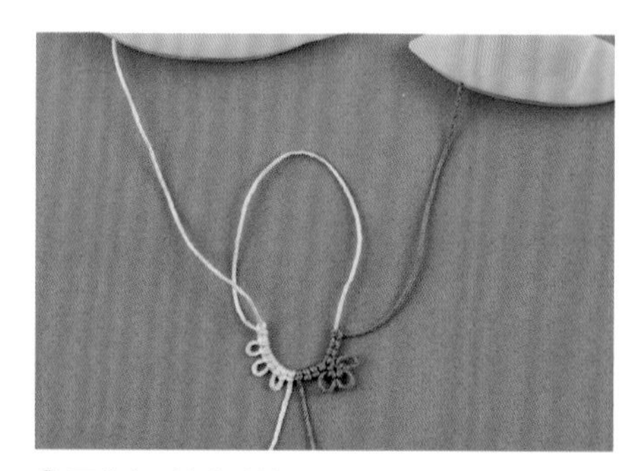

6 再编织4针分裂结。

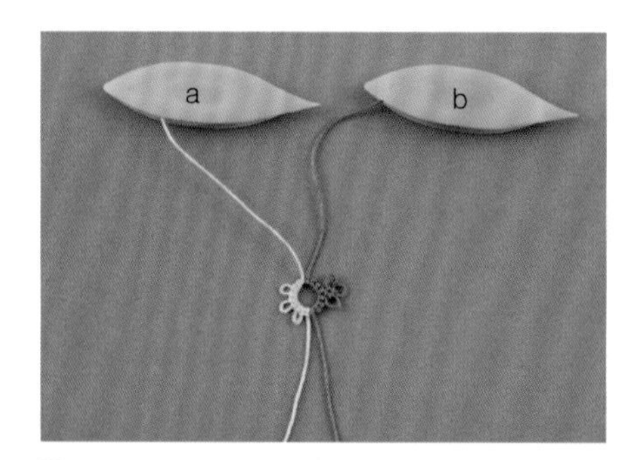

7 拉动梭子a上的线，收紧环。

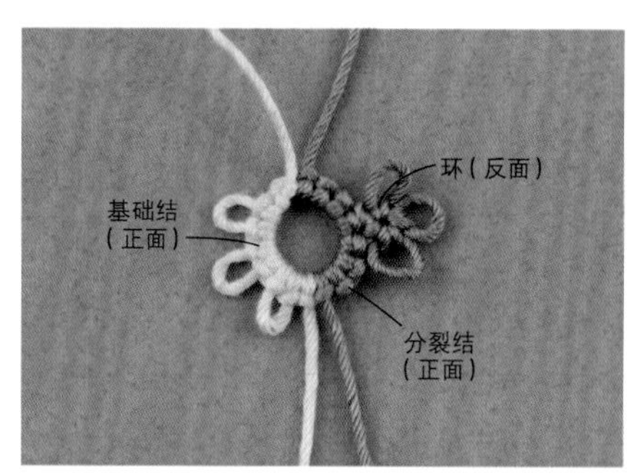

8 在分裂环上编织普通的环就完成了。

应用技巧 由分裂环组成的饰边3

※在分裂结中制作耳的方法参照p.61

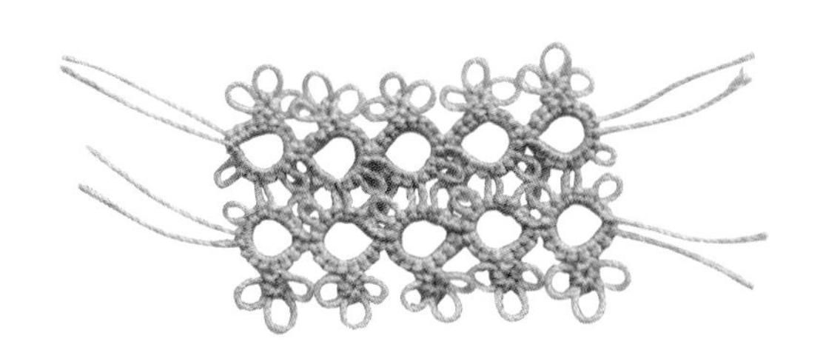

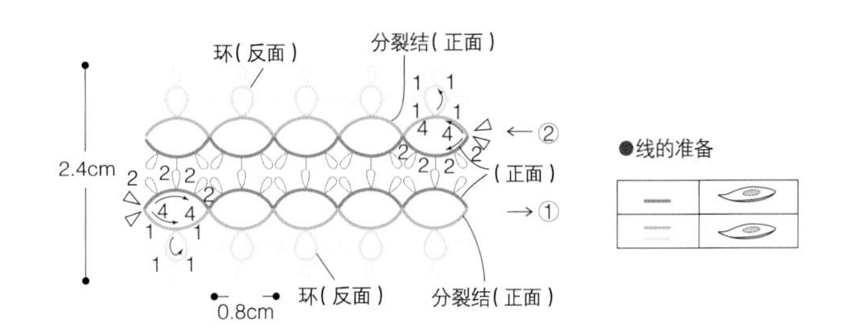

●线的准备

应用技巧 由分裂环组成的饰边4

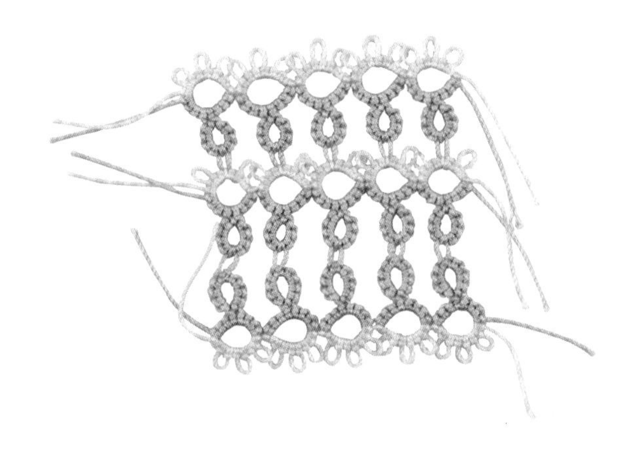

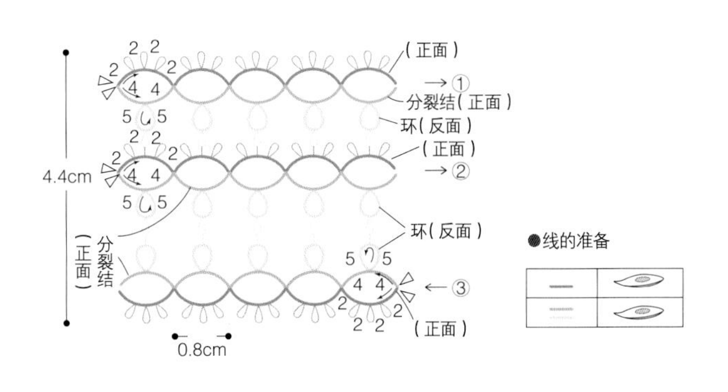

●线的准备

应用技巧 由分裂环组成的花片1

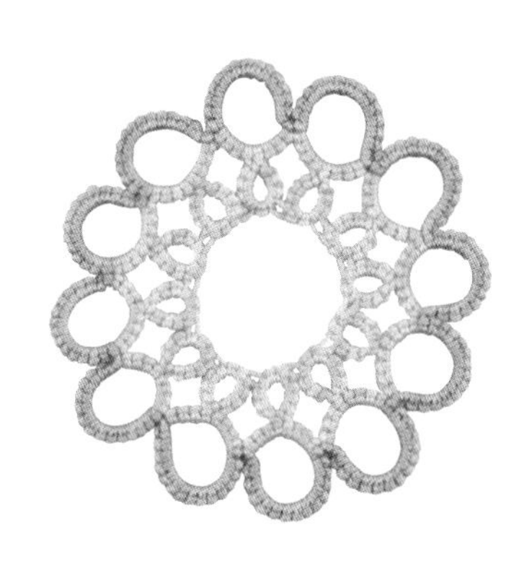

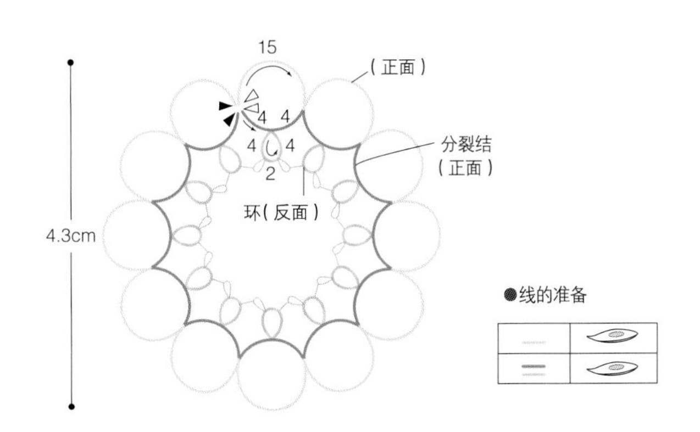

●线的准备

由分裂环组成的花片2

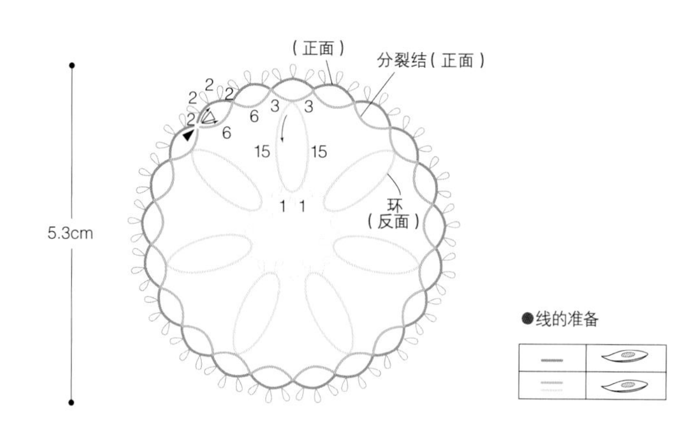

由分裂环编织的连续花片

按编织符号图中的数字顺序，可以无须断线连续编织。

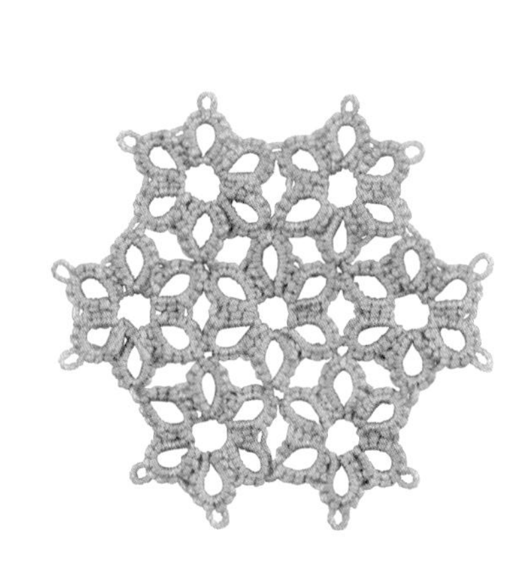

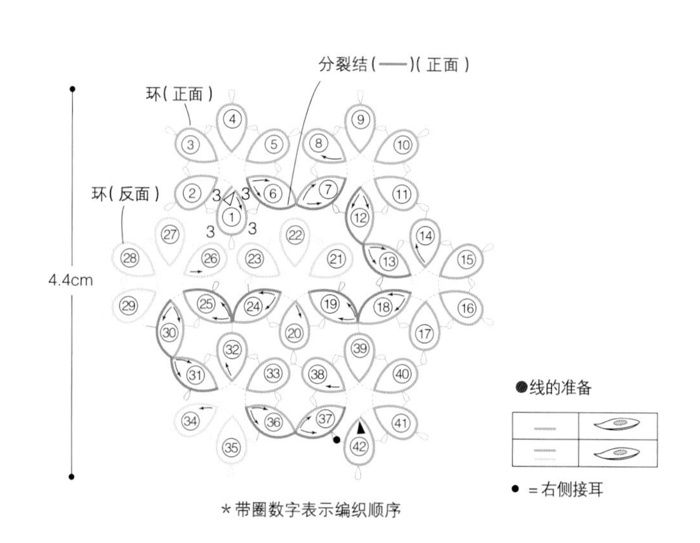

＊带圈数字表示编织顺序

分裂结的接耳

1 按分裂环的要领编织第⑥个花瓣。

2 编织3针分裂结后，与相邻的耳做连接。

3 对折花瓣，将耳移至左手挂线的左侧。

4 将左手的挂线挑出。

5 穿入梭子。

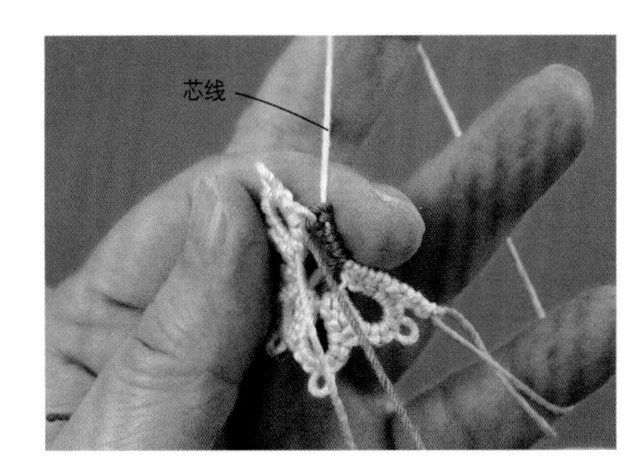

6 拉紧左手的线，使芯线可以活动。

7 将梭子上的线拉至相当于耳的高度。

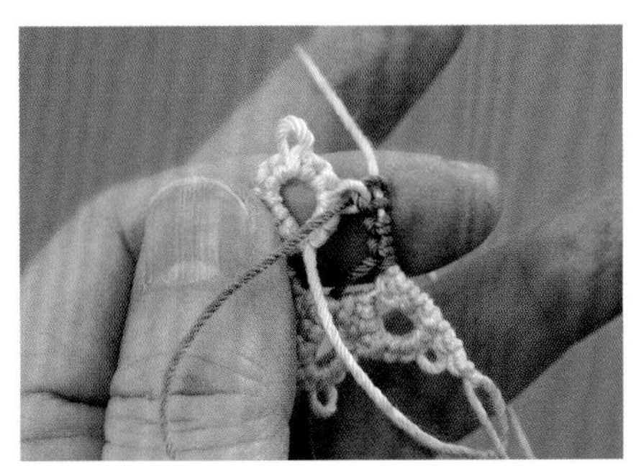

8 将花瓣翻回正面。

9 接耳完成。再编织3针分裂结。

在分裂结中制作耳的方法

10 收紧环。按分裂环的要领编织的第⑥个花瓣完成。

1 留出耳的长度编织上针，拉至前一针的边上。

2 按分裂结的要领编织第⑦个花瓣。接着，从第⑧个花瓣开始按普通的环继续编织。

要领 使用蕾丝钩针接耳

接耳时，如果耳太小很难用梭子挑线，可以按p.34的要领在耳中插入蕾丝钩针，拉出待连接的线。做普通接耳和重叠接耳时，拉出挂在左手上的线，芯线接耳时拉出梭子上的线，然后穿入梭子。

由分裂结编织的花片

使用3个梭子编织。为了编织出2种颜色的环，以2根线为芯线按分裂结的要领编织桥。

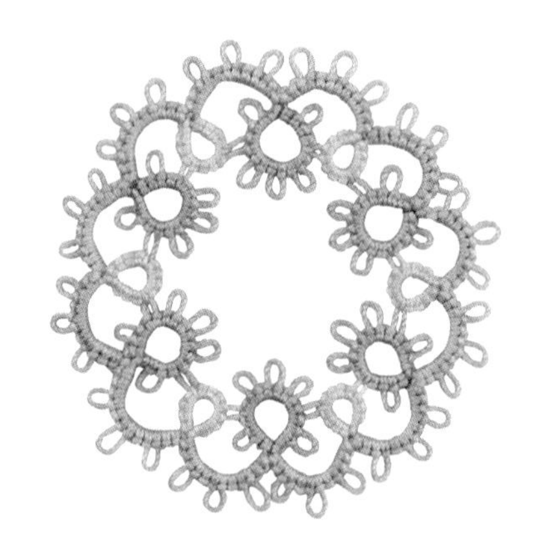

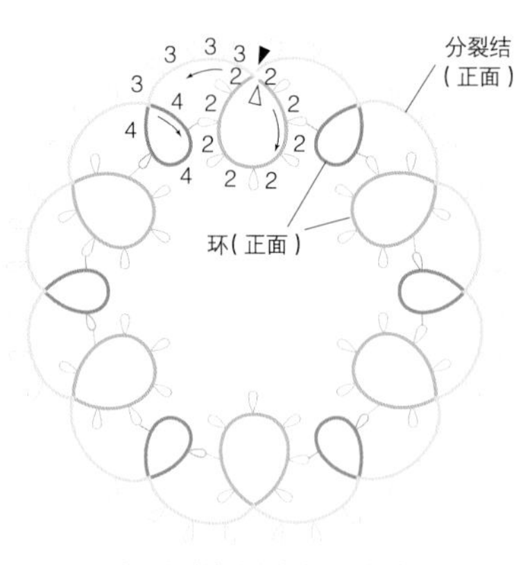

＊编织分裂结时的芯线为 2 根线

●线的准备

线	梭子	
—		a
—		b
—		c

使用3个梭子编织

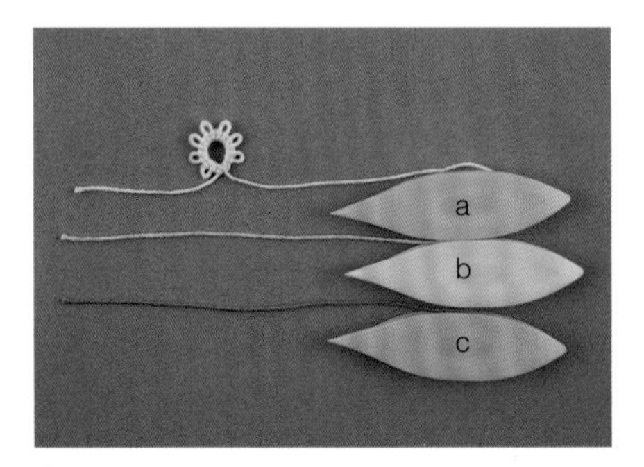

1 分别在3个梭子上绕好线。用梭子 a 上的线编织环。

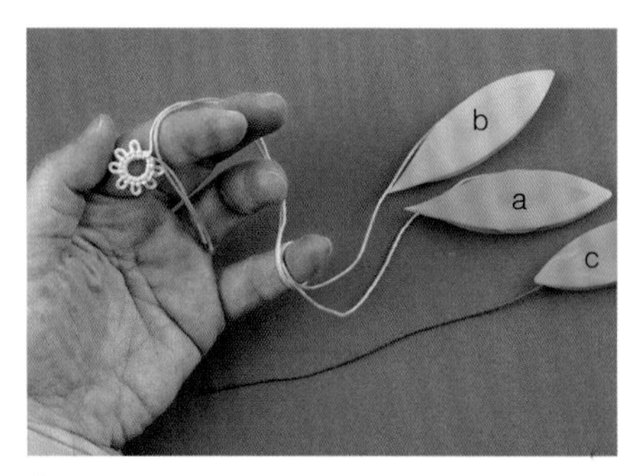

2 添上梭子b上的线，将2根线一起挂在左手上。

3 用梭子c上的线按分裂结的要领编织桥。

4 以2根线为芯线，按分裂结的要领继续编织。

5 一边制作耳一边编织的桥完成。拉紧梭子a和梭子b上的芯线。

6 用梭子b上的线编织环。重复以上操作，交替变换环的颜色继续编织。

雏菊耳

与封面的花片相同。在中心环的耳上编织分裂结作为花瓣。

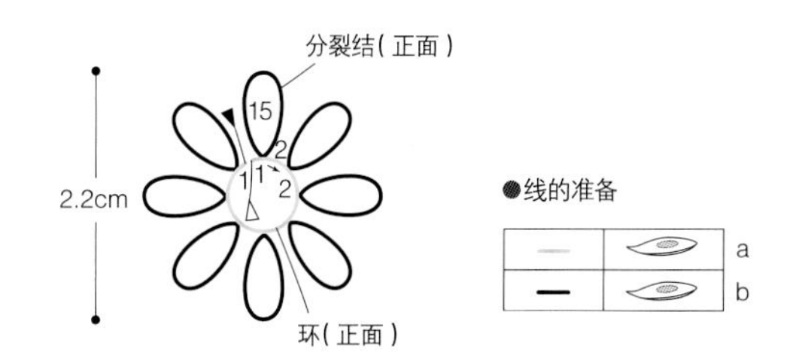

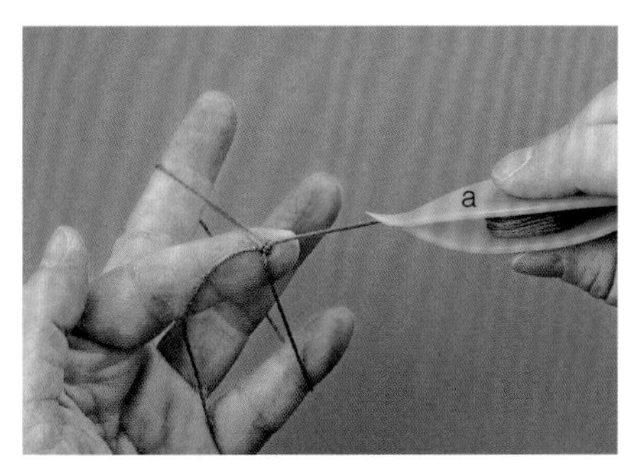

1 按环的编织要领，用梭子a上的线编织1针基础结。

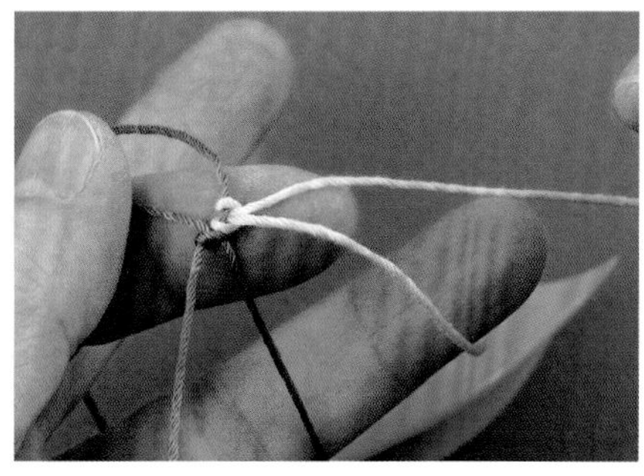

2 直接在左手的线环上用梭子b上的线从下针开始编织分裂结。

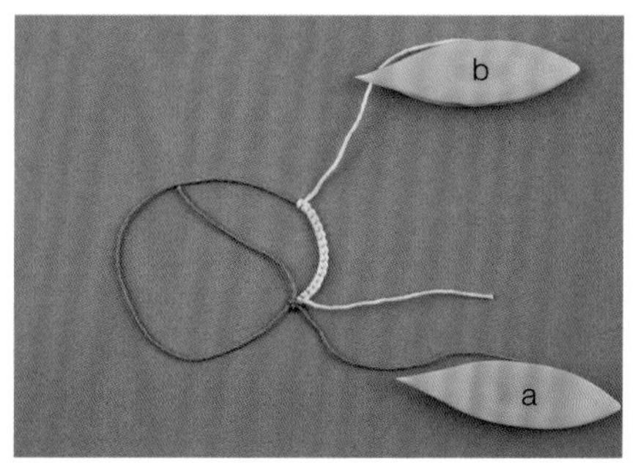

3 编织15针。

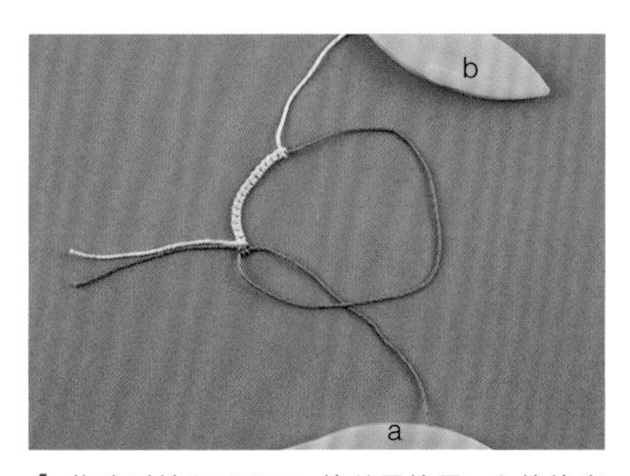

4 将分裂结翻至正面，接着用梭子a上的线在线环上编织2针基础结。

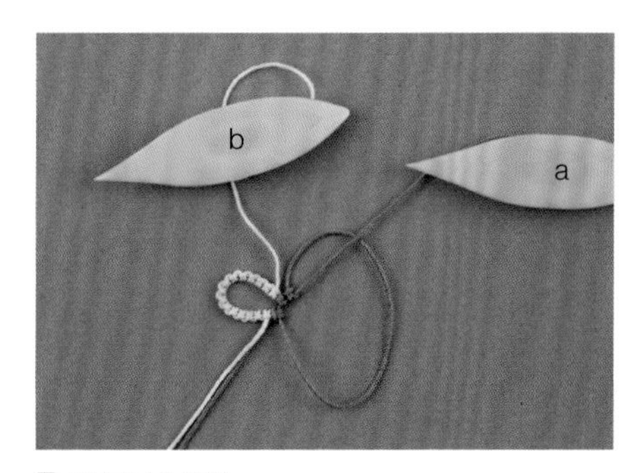

5 重复以上操作。

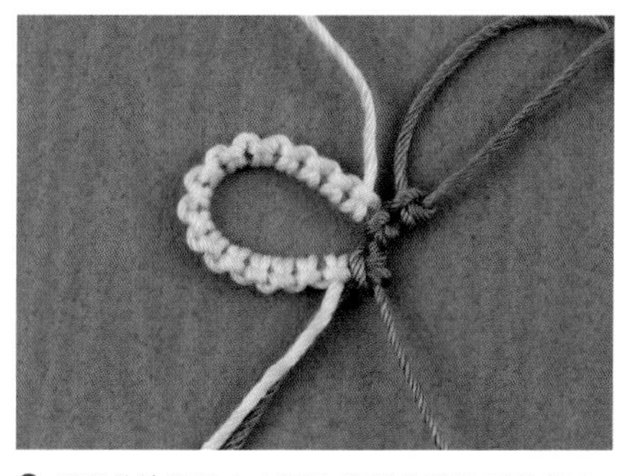

6 呈现的效果是在大耳上编织分裂结后的状态。

由雏菊耳编织的小花

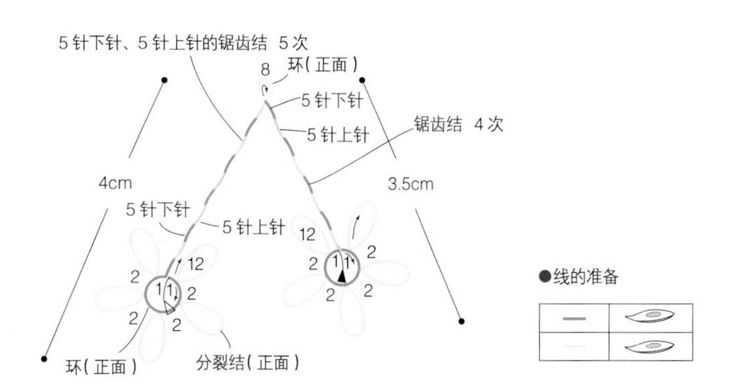

应用技巧 在雏菊耳上编织环

编织雏菊耳的前8针分裂结后，翻至反面编织环。
翻回正面，再编织剩下的8针分裂结。

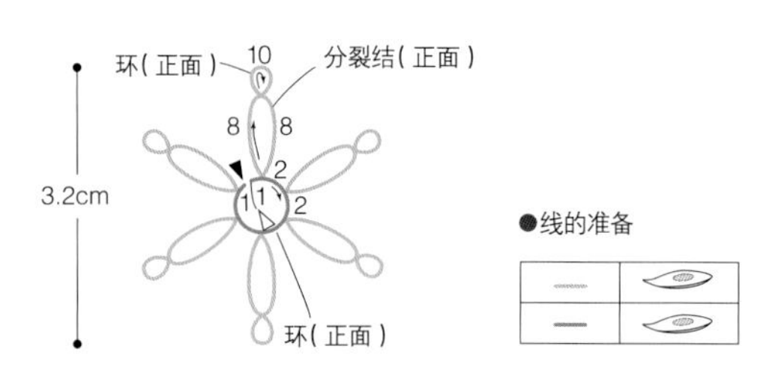

分裂桥

分裂桥也是一种桥，与分裂环一样，无须断线就可以移至下一行继续编织的技法。
就像下面的这个花片，可以在桥的中途结束，接着编织下一行。
实际操作时使用同一种颜色的线，不过此处为了便于理解，使用了不同颜色的线。

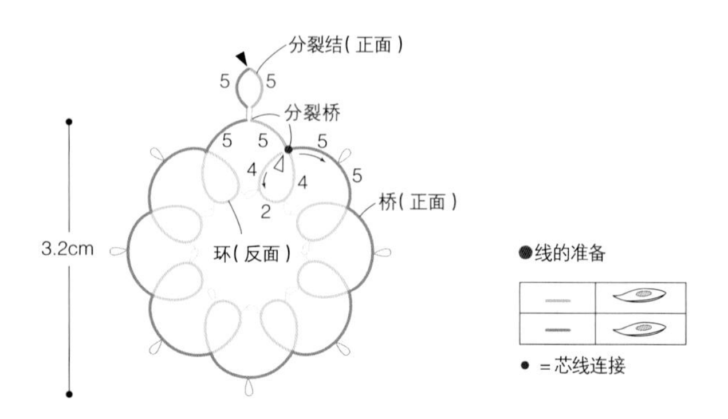

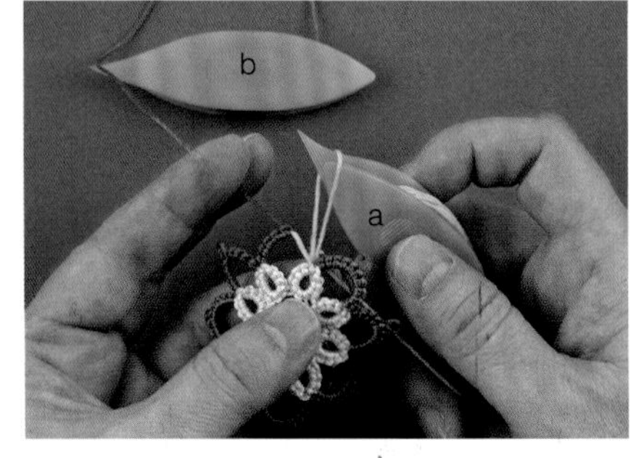

1 留出一定长度的芯线用来编织分裂桥，在编织起点处环的根部做芯线连接。

2 芯线连接完成。按下面①～⑤的顺序穿梭子编织针目。

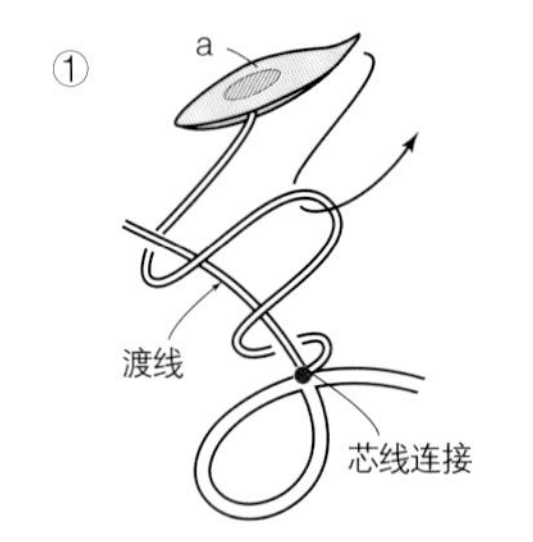

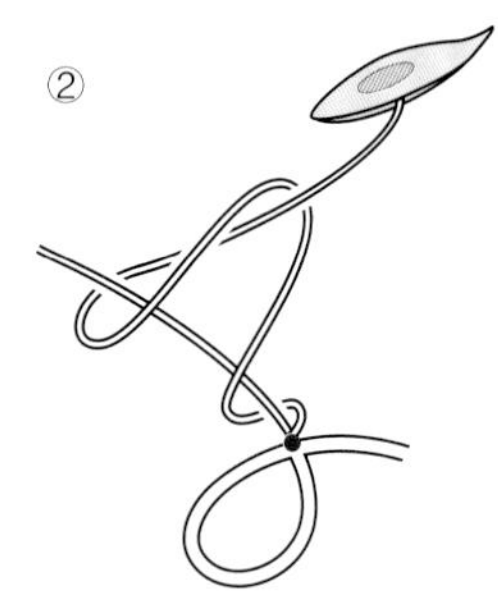

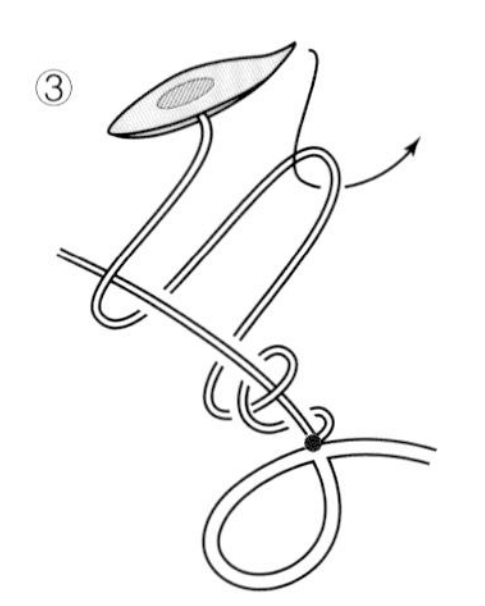

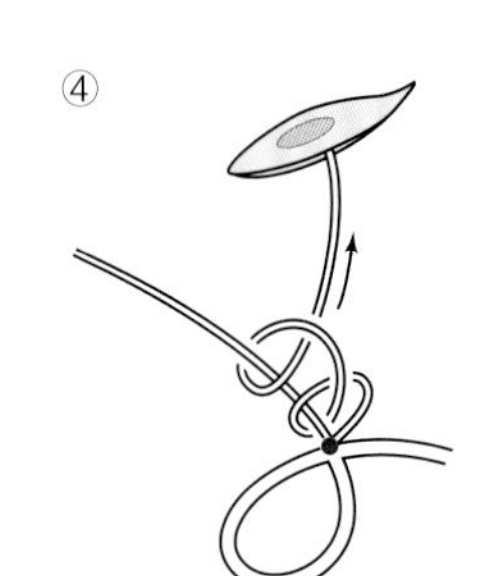

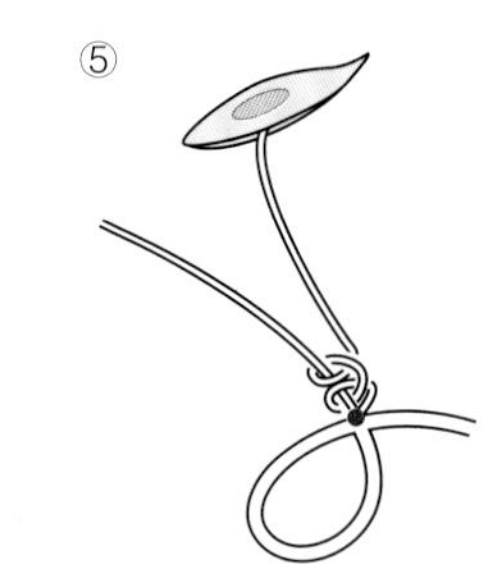

3 编织完1针后的状态。

4 重复以上操作，编织至桥的顶点。接着参照符号图编织分裂环。

要领 用手编织的分裂结

只需往下编织1行时，与其在梭子上绕线后编织，不如使用线头编织更为方便。

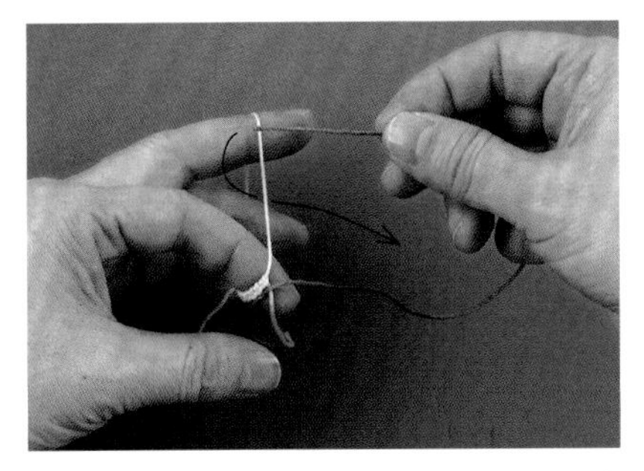

1 编织起点预留10cm左右的线头，相当于编织基础结部分的长度。如箭头所示缠绕线头。

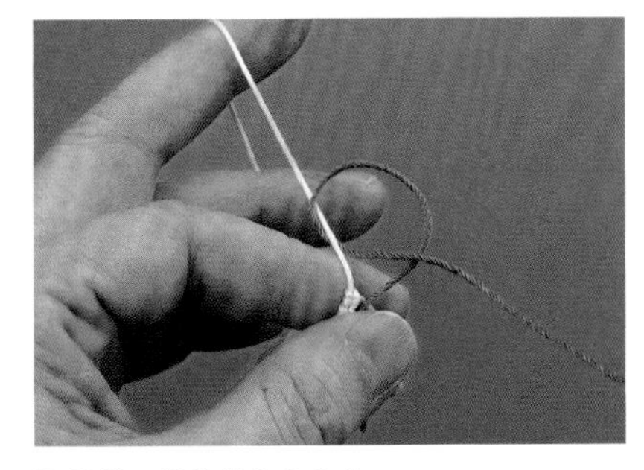

2 从前面的线的上方穿出。

3 拉线，上针完成。

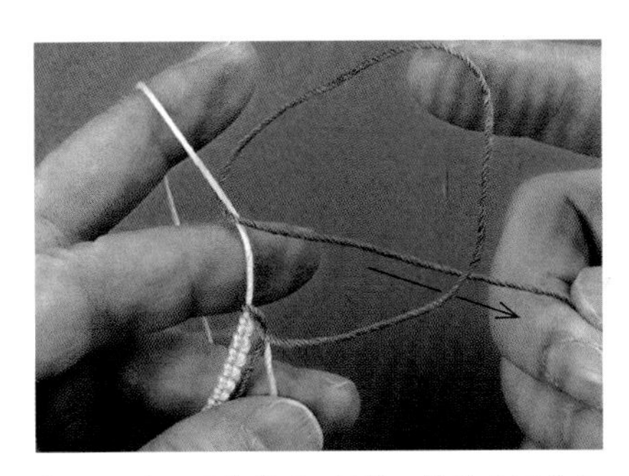

4 从下往上缠绕线头，从前面的线的下方穿出。

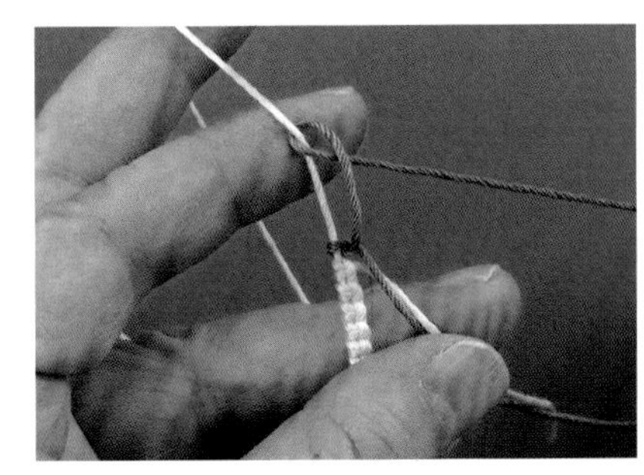

5 将下针拉至上针的边上。

6 1针分裂结完成。

用3根线编织的饰边(双向梭编) 使用1个梭子和2个线团的线

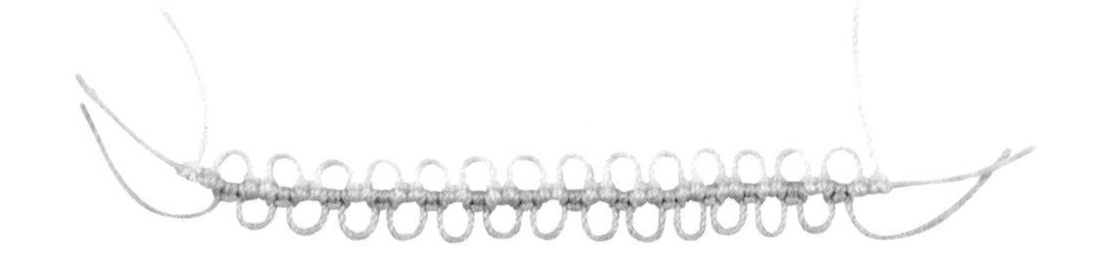

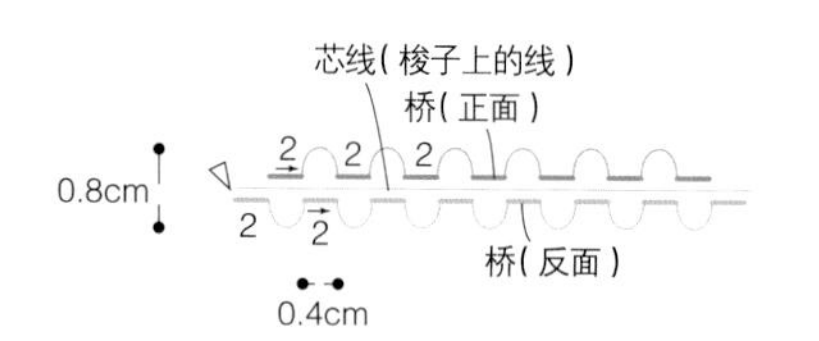

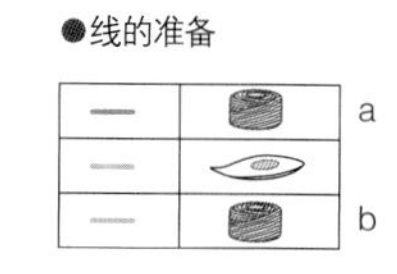

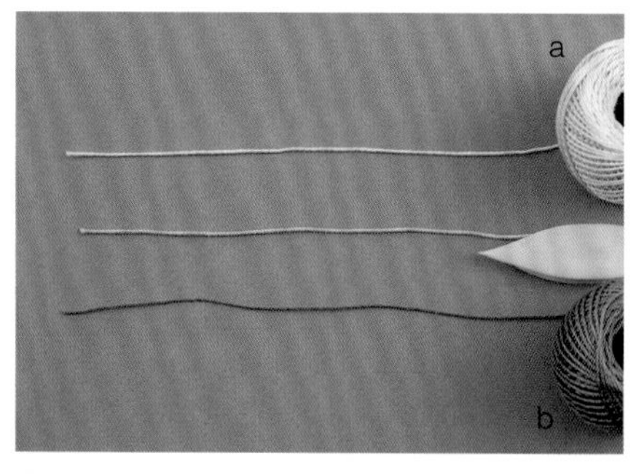

1 在1个梭子上绕好线，另外准备2个线团的线。

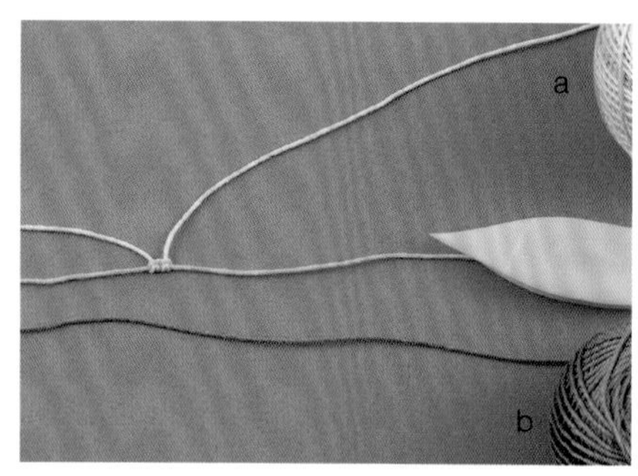

2 将线团a的线挂在左手上，编织基础结。

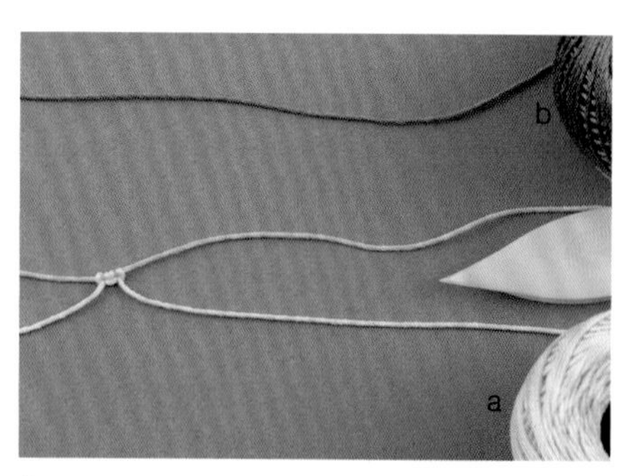

3 将编织好的针目翻至反面，将线团b的线挂在左手上。

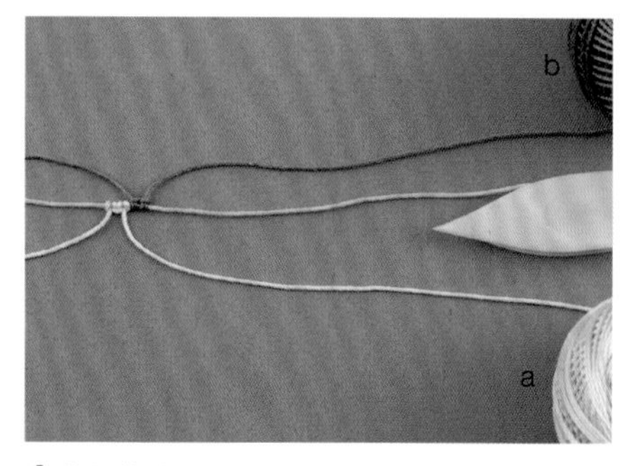

4 编织基础结。

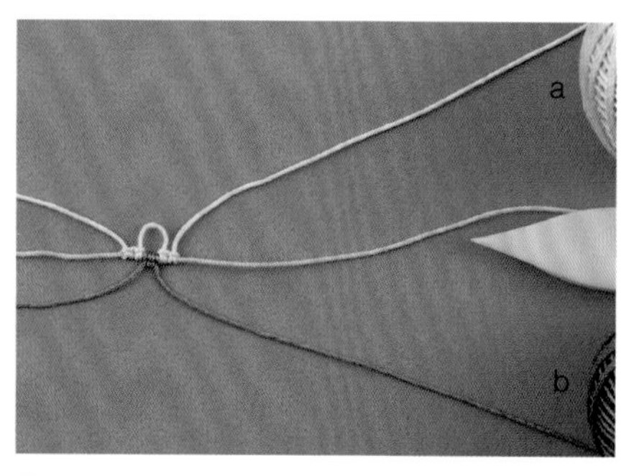

5 翻回正面，渡线作为耳，接着编织基础结。

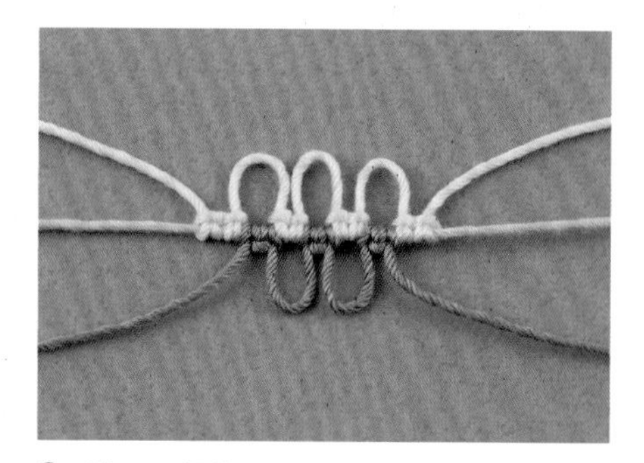

6 重复以上操作继续编织。

要领 环和桥均为正面的编织方法

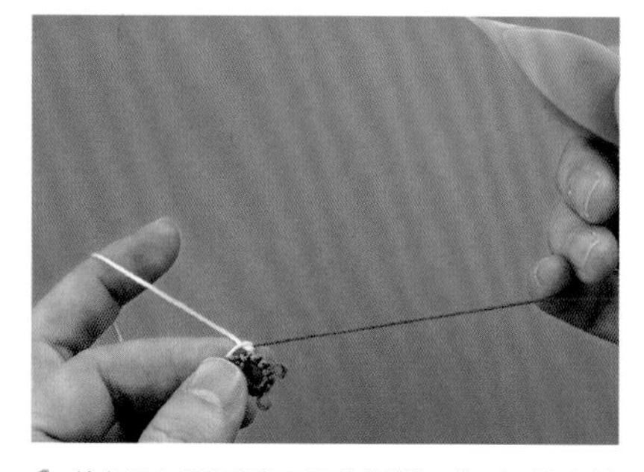

1 编织环，翻至反面后编织桥。此时，从上针开始编织基础结。

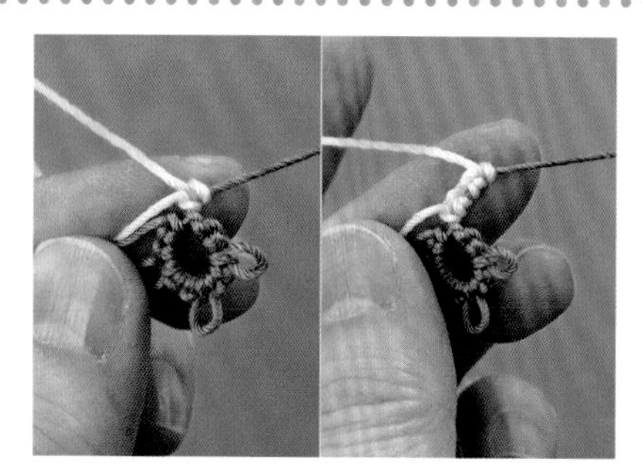

2 接着编织下针。3针完成。

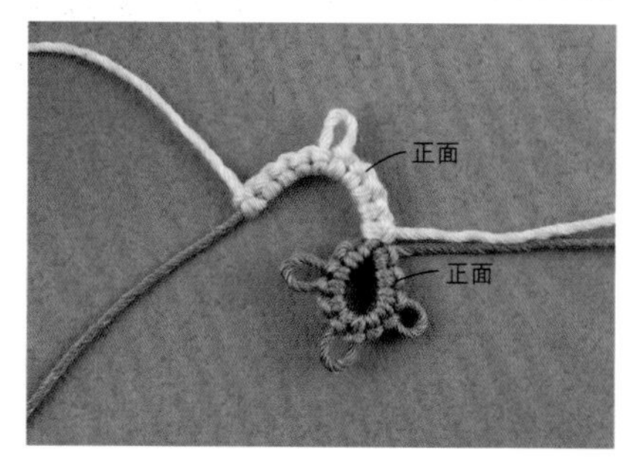

3 翻回正面，环和桥的针目均为正面。

应用技巧 用3根线编织的饰边 使用3个梭子

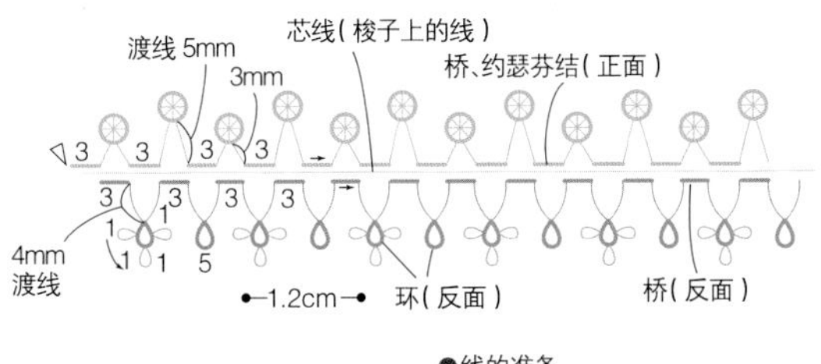

●线的准备

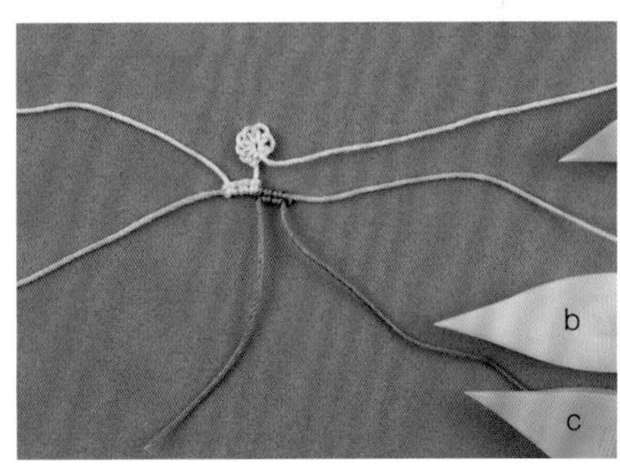

=约瑟芬结(8针下针)

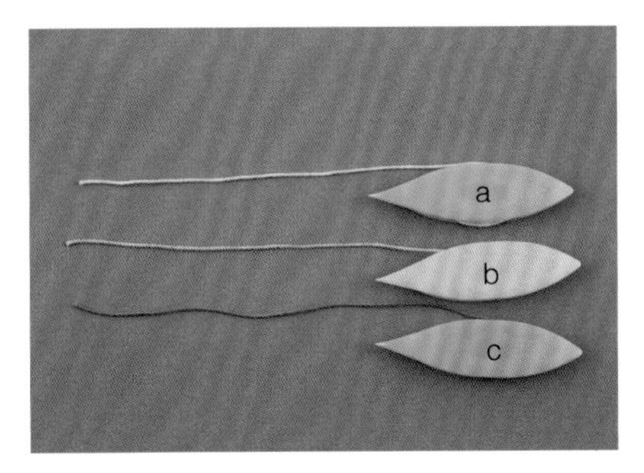

1 分别在3个梭子上绕好线。

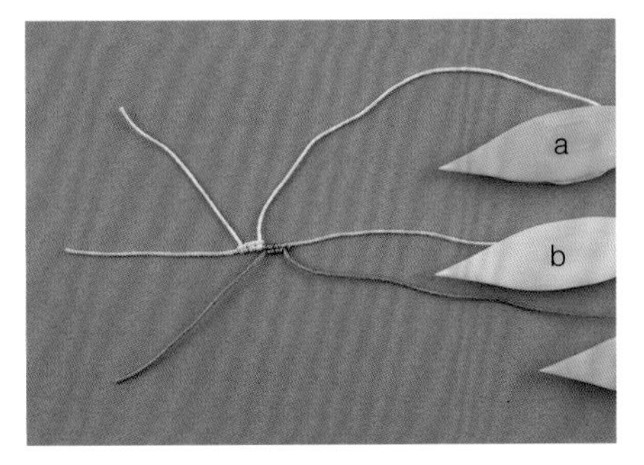

2 用梭子b上的线开始编织。将梭子a上的线挂在左手上编织3针基础结，翻至反面，再将梭子c上的线挂在左手上编织3针基础结。

3 用梭子a留出3mm的渡线，按环的要领编织约瑟芬结。

4 将梭子a上的线挂在左手上，留出3mm的渡线，用梭子b上的线编织基础结。

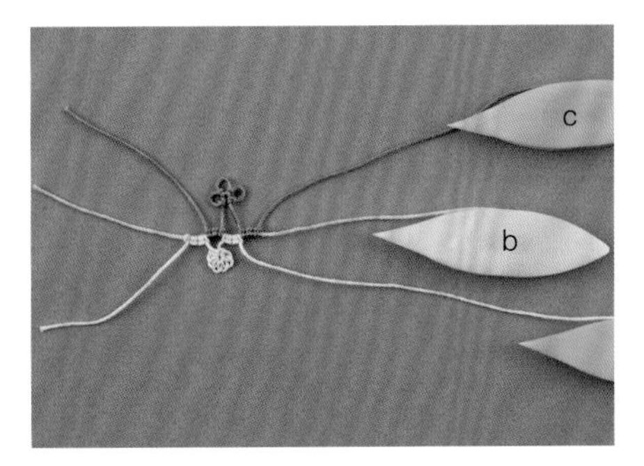

5 翻至反面，用梭子c上的线编织环后，将梭子c上的线挂在左手上，用梭子b上的线编织基础结。

6 参照编织符号图继续编织。

应用技巧 用3根线编织的花片 使用3个梭子

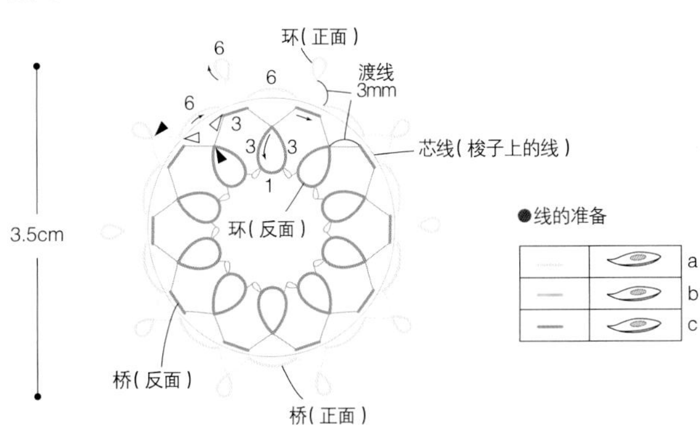

应用技巧 扭转环交错编织的饰边1

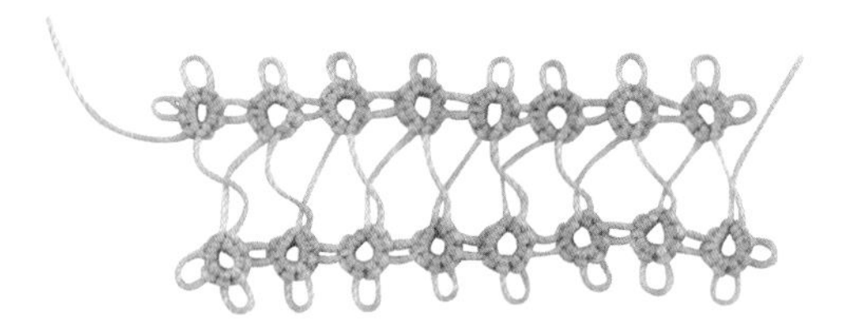

环（正面）
2.1cm
8mm 渡线
环（正面）
0.7cm

●线的准备

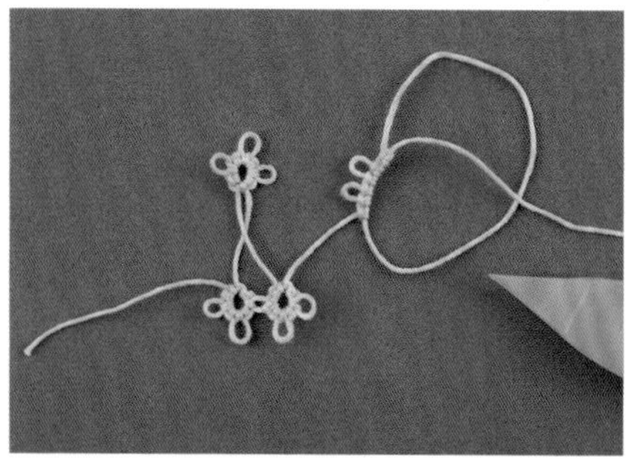

1 将第2个环扭转翻至反面。第4个环在第3个耳的位置做连接。

2 编织第4个环时注意待连接的耳。将第2个环往下翻折使环正面朝上，然后做连接。

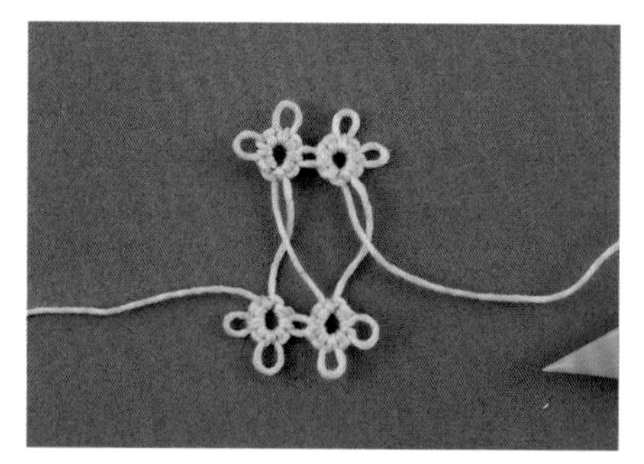

3 第4个环编织完成后，扭转的线即可固定。

应用技巧 扭转环交错编织的饰边2

所有的环都扭转后交错编织。

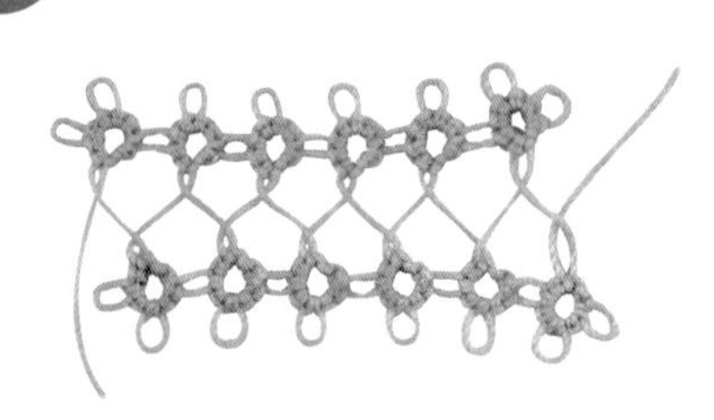

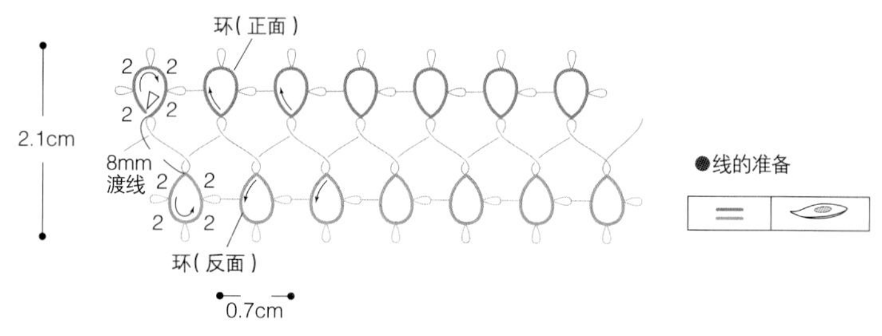

应用技巧 交错编织环的饰边 使用2个梭子

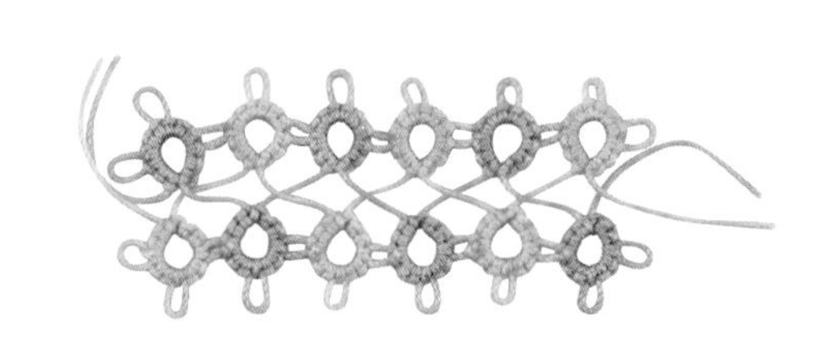

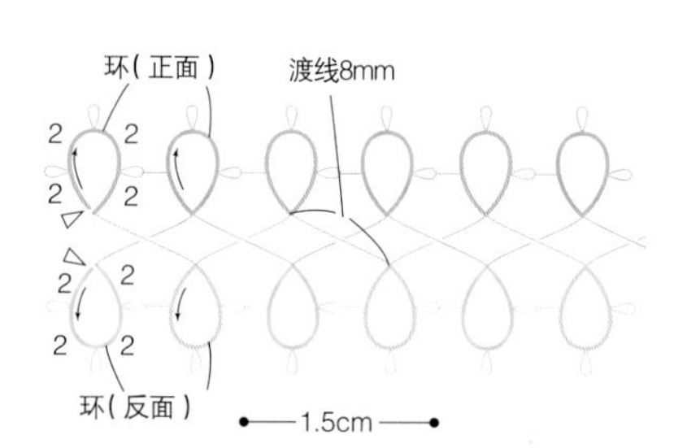

●线的准备

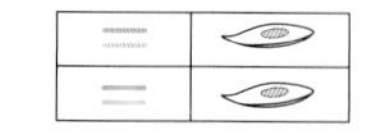

1 分别用2个梭子编织环。

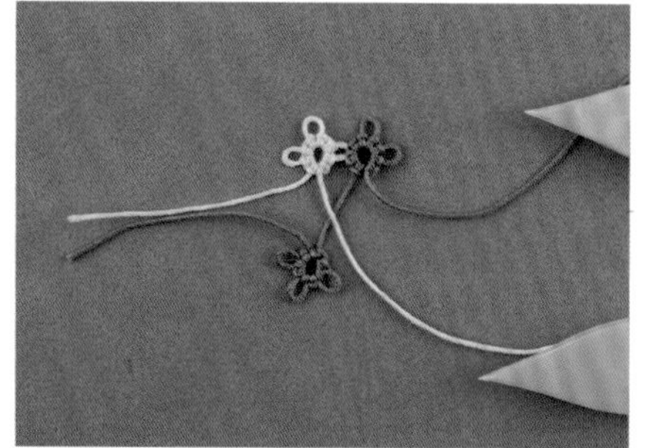

2 将渡线交叉后继续编织。

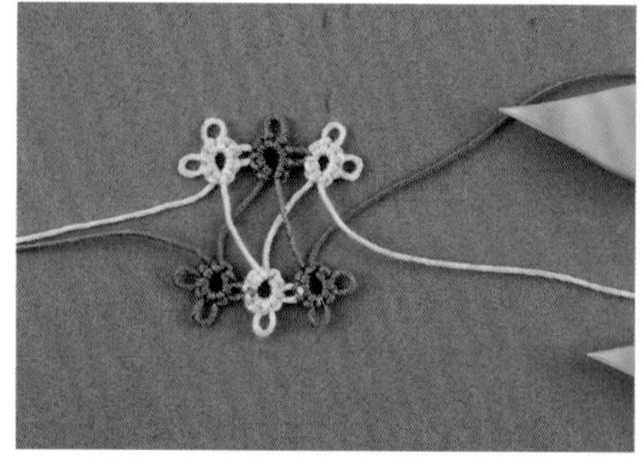

3 注意交叉时渡线的上下关系，一边接耳一边继续编织。

应用技巧 交错编织环的花片

3.5cm

环（正面）

渡线3mm

环（反面）
※翻至正面

●线的准备

● ＝右侧接耳

应用技巧 交错编织的桥1 4色

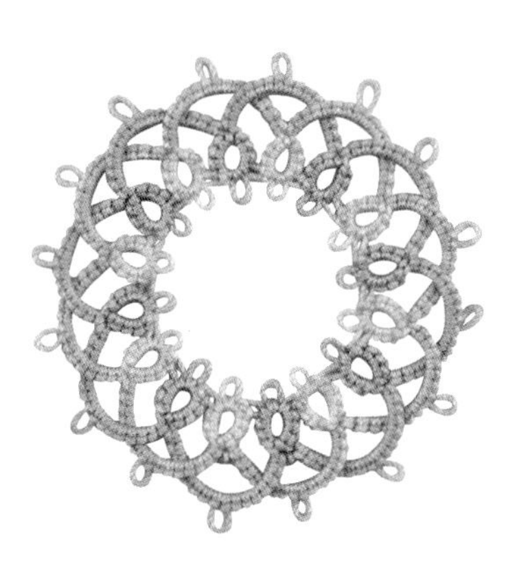

4.5cm

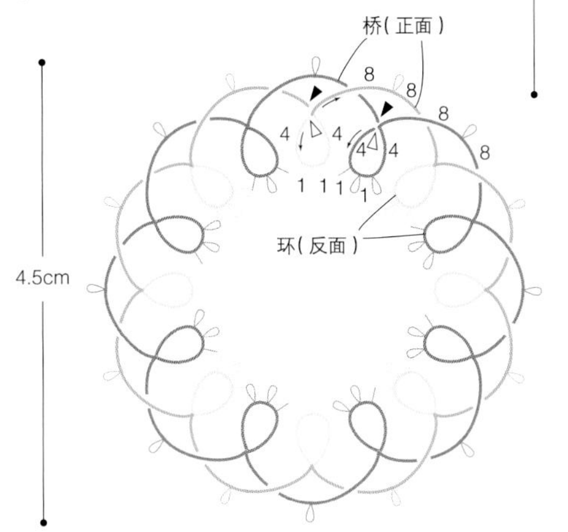

●线的准备

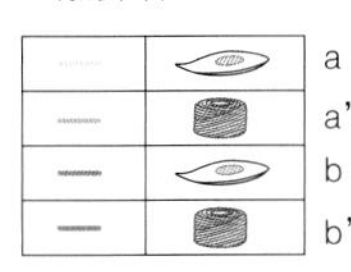

1 分别在2个梭子上绕好线，另外准备2个不同颜色的线团。

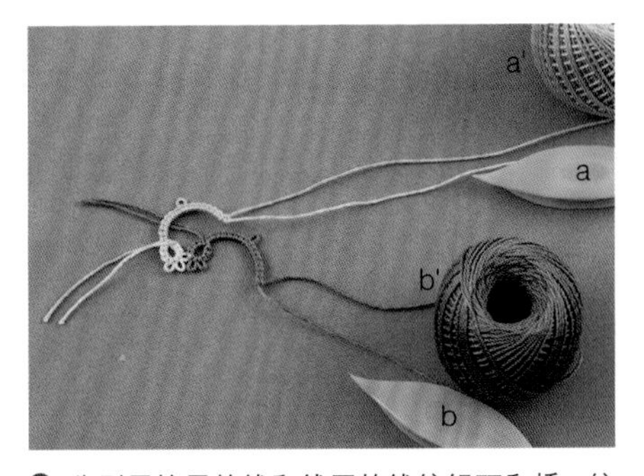

2 分别用梭子的线和线团的线编织环和桥。编织第2个环时与第1个环做接耳。

3 连接第3个环时，将桥放到前面再做接耳。

4 连接第4个环时，也按相同要领，将第2个桥放到前面再做接耳。

5 编织好的桥呈交叉状态。

交错编织的桥2 2色

分别用同色梭子的线和线团的线编织。可以使用连在一起的梭子和线团开始编织。

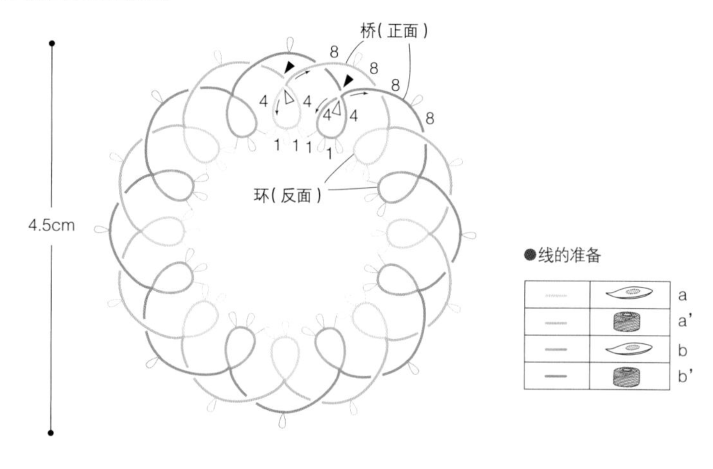

马耳他环

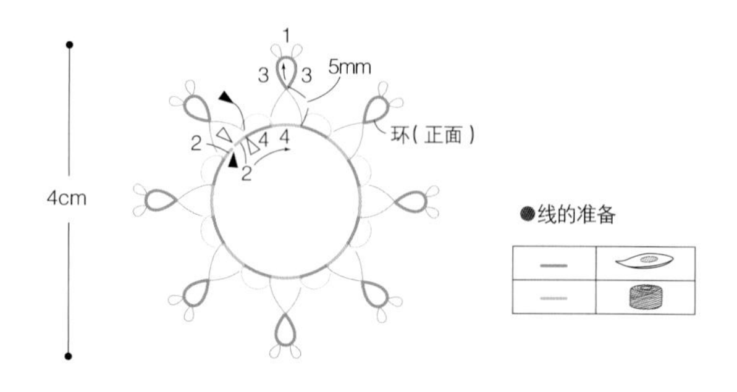

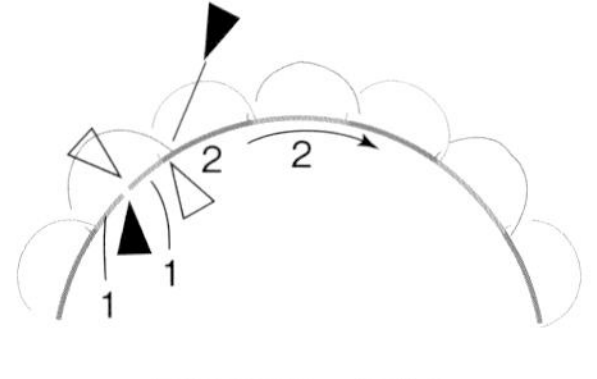

耳呈前后交叉的状态

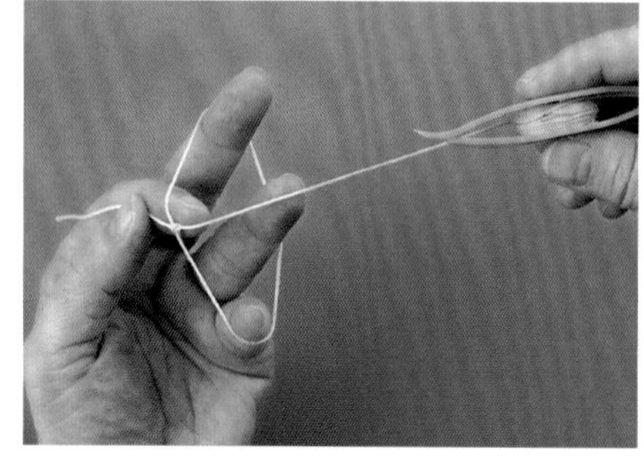

1 按环的编织要领，将线在左手上绕成环形，编织1针基础结。

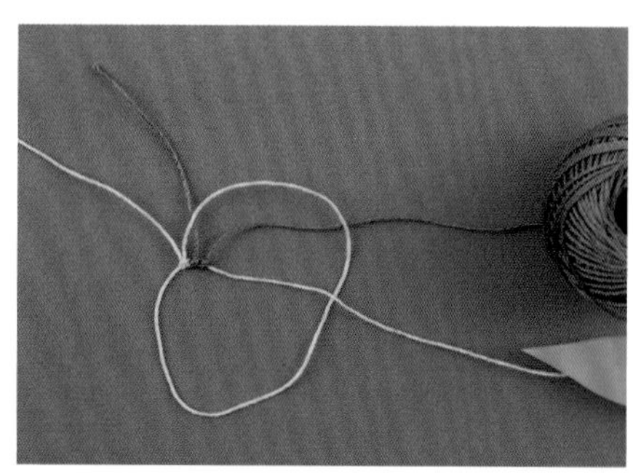

2 从手上取下线环，将线团的线挂在左手上，编织2针的桥。

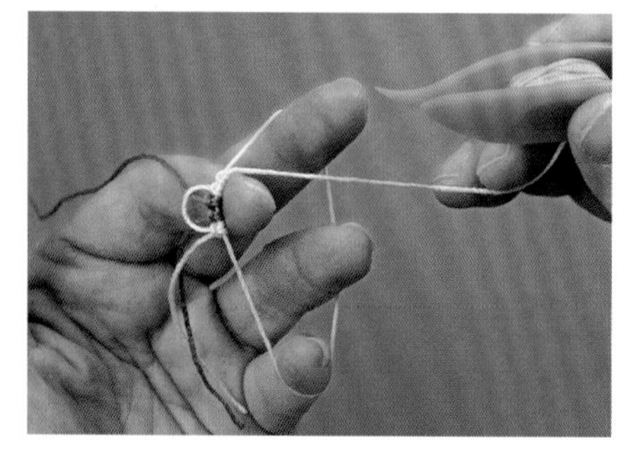

3 将线团穿过左手的线环，再将线环套在左手上，按环的要领编织基础结。

4 重复步骤**2**、**3**，最后收紧线环。

※在左手的线环中穿入线团比较困难，所以将线缠绕在缠线板或者梭子上再进行编织会比较方便

应用技巧

双层花瓣的花片1 12片花瓣

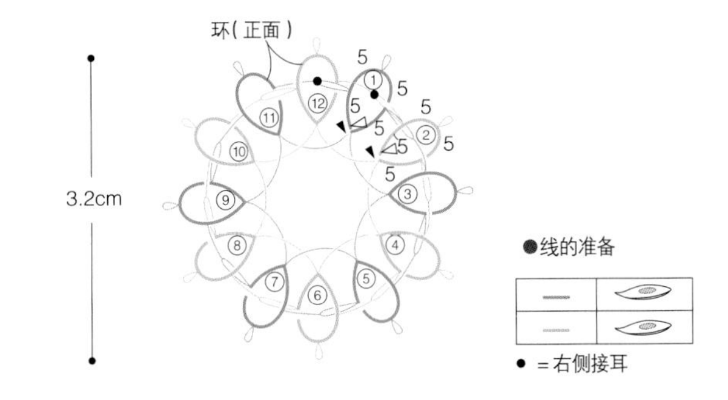

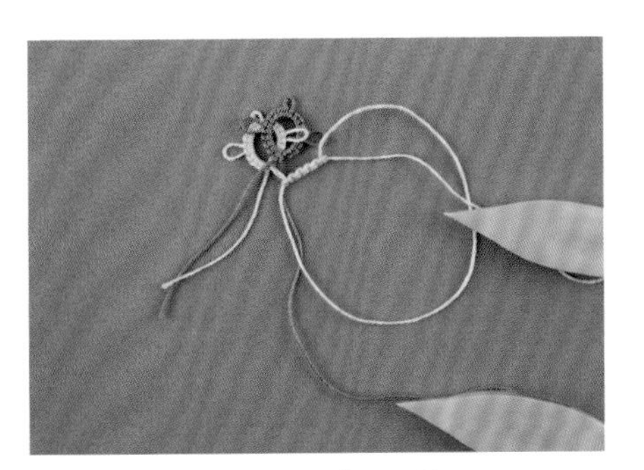

1 分别用2个梭子编织环①和环②。

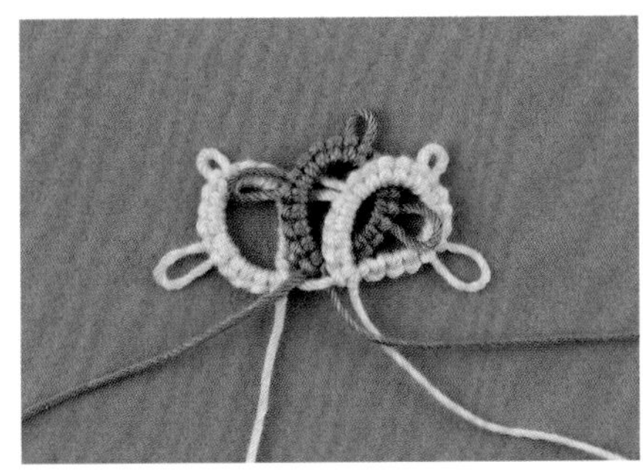

2 编织环③时，穿过环②与环①做接耳。重复以上操作继续编织。

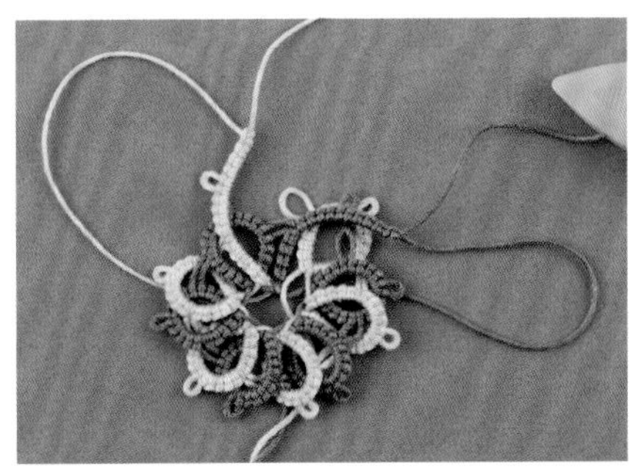

3 环⑪和环⑫都编织至最后的接耳位置前。

4 穿过环⑫的线环，从下方对环⑪与环①做右侧接耳。

5 按相同要领，穿过环①从下方对环⑫与环②做接耳。

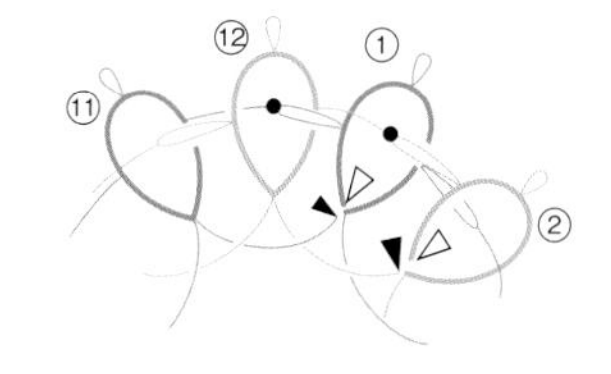

应用技巧

双层花瓣的花片2 8片花瓣

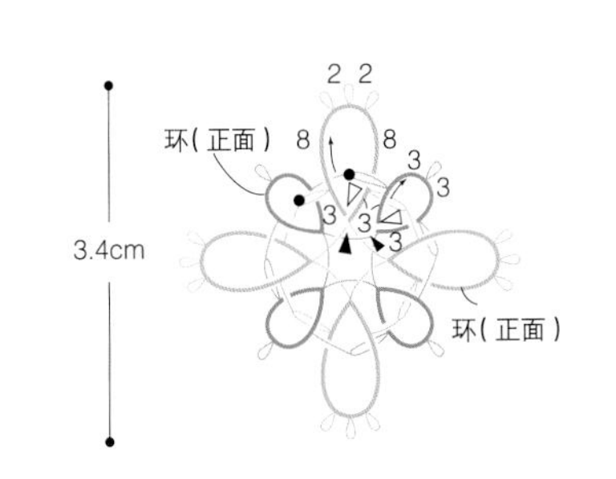

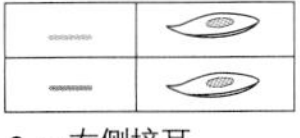

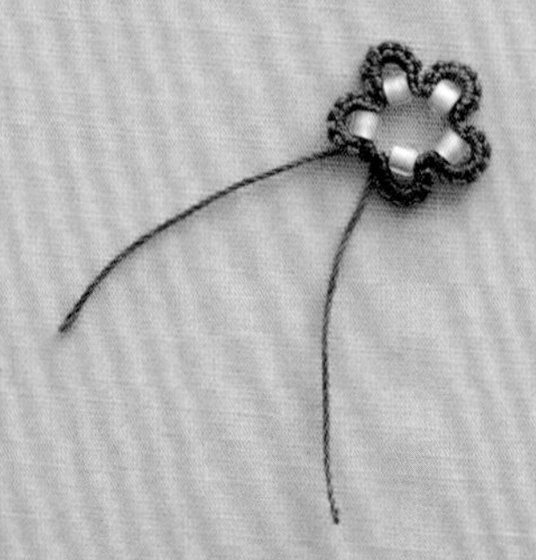

Tatting Lace Lesson

Step 4

穿入串珠的各种方法

在线上穿入串珠

●直接穿在线上

1 在线头的4~5cm处薄薄地涂上胶水，等晾干后斜着修剪一下线头。

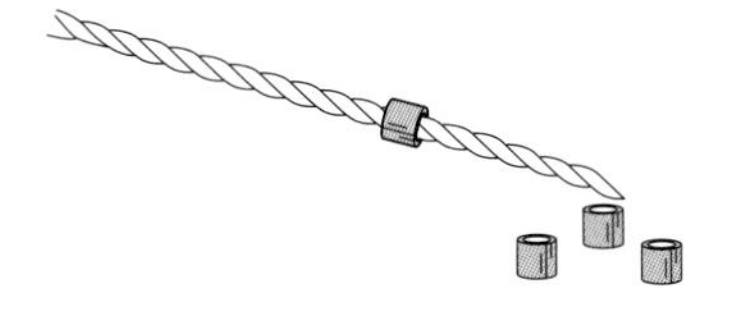

2 将变硬的线头当作针，穿入串珠。

●使用串珠针 1 将线穿入针孔，再挑起串珠穿入线上。

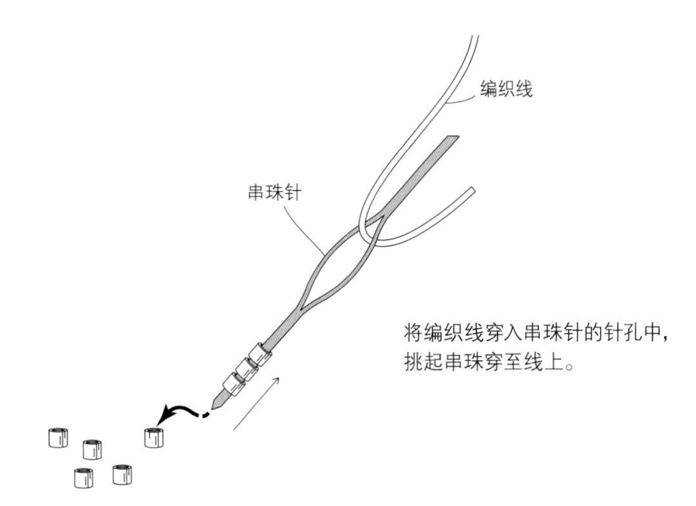

将编织线穿入串珠针的针孔中，挑起串珠穿至线上。

●使用串珠针 2

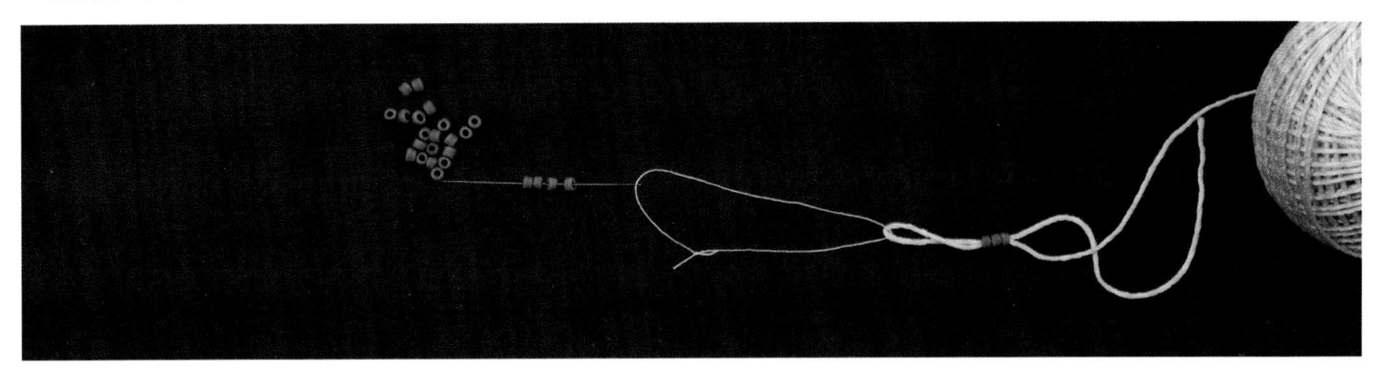

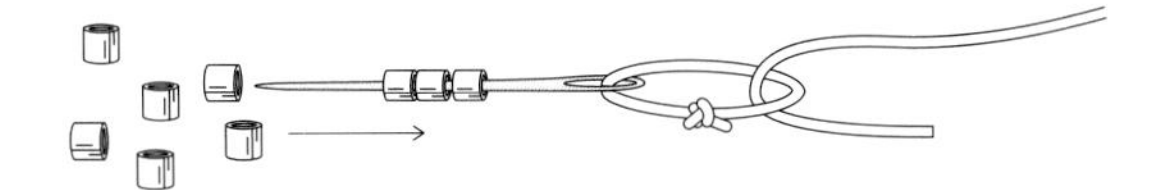

在串珠针上穿入手缝线，打结成环。在线环中穿入编织线，再将穿入针头的串珠移至编织线上。

●使用穿线串珠

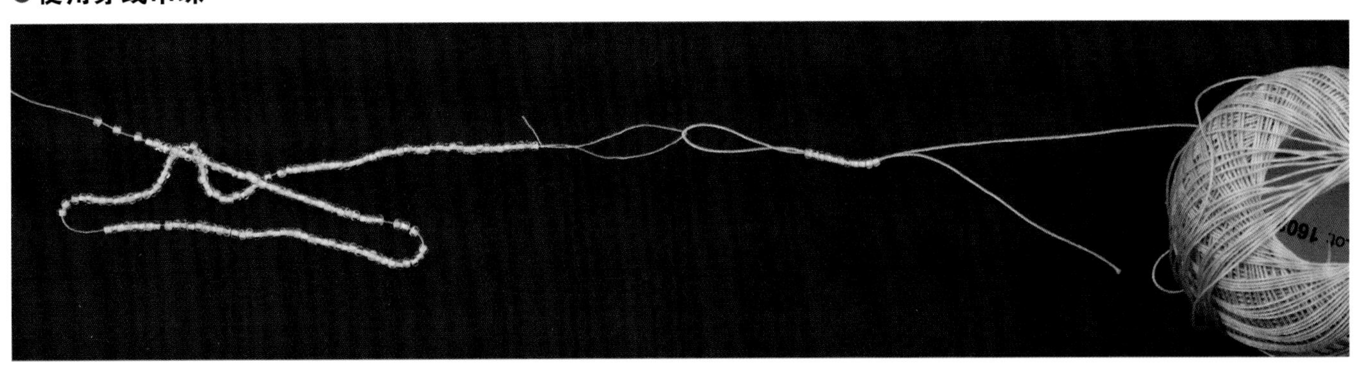

已经穿在线上出售的串珠

将穿着串珠的线头打结成环，在线环中穿入编织线，再将串珠移至编织线上。

串珠 在环的耳上穿入串珠

在每个耳上穿入1颗串珠

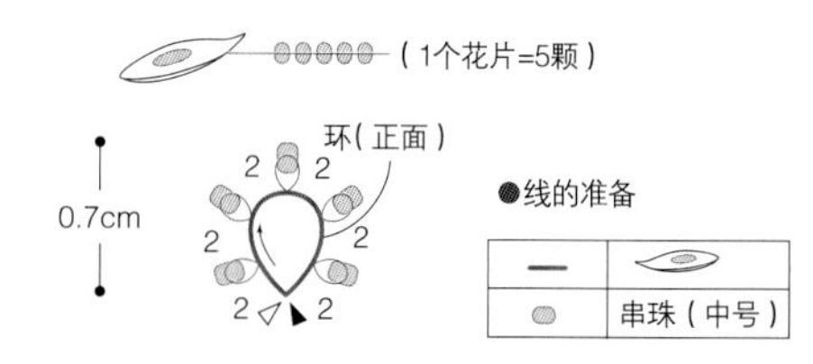

※下图中因为使用的是粗线，为了便于理解，将耳与耳之间的针目改成了1针

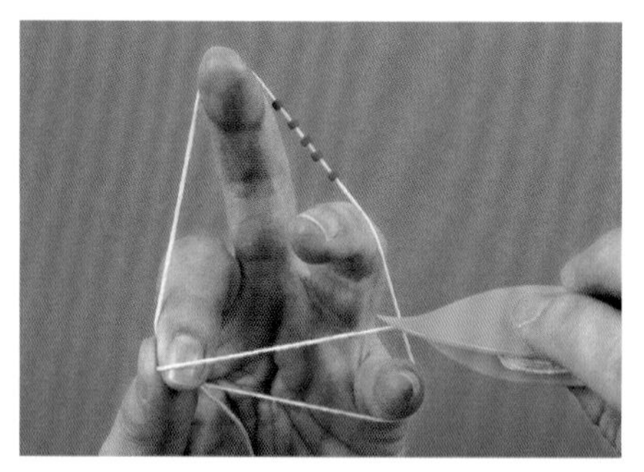

1 先在左手的线环中移入所需颗数的串珠。

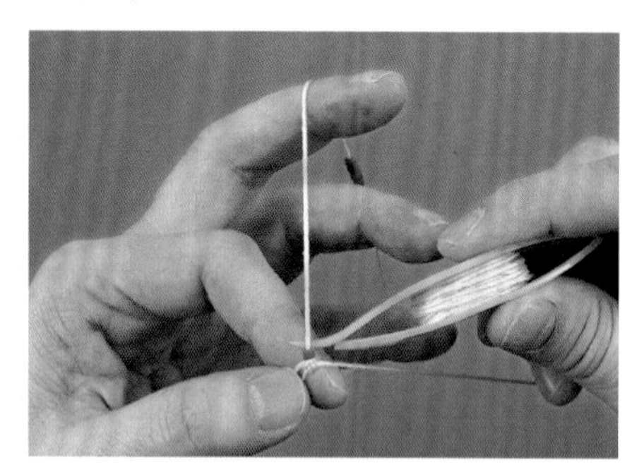

2 在耳的位置移过1颗串珠。

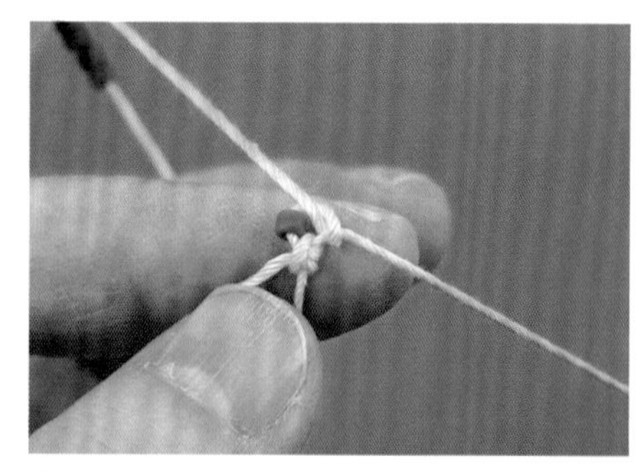

3 编织下一个下针。

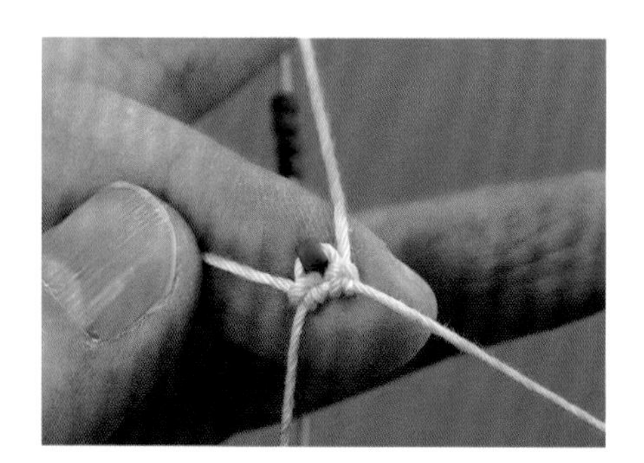

4 编织上针。

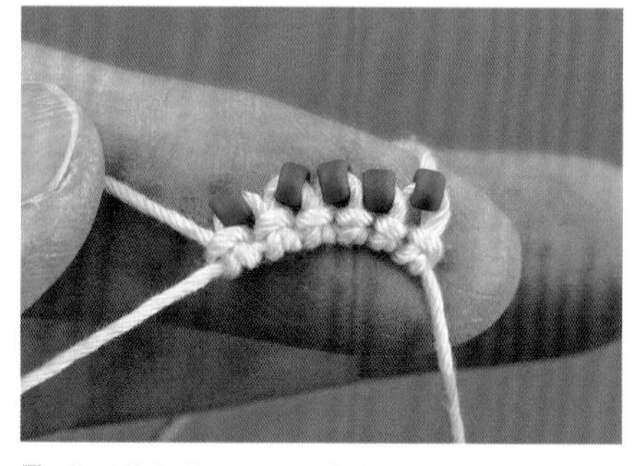

5 参照编织符号图，一边穿入串珠一边继续编织。

6 完成。

在耳上穿入不同颗数的串珠

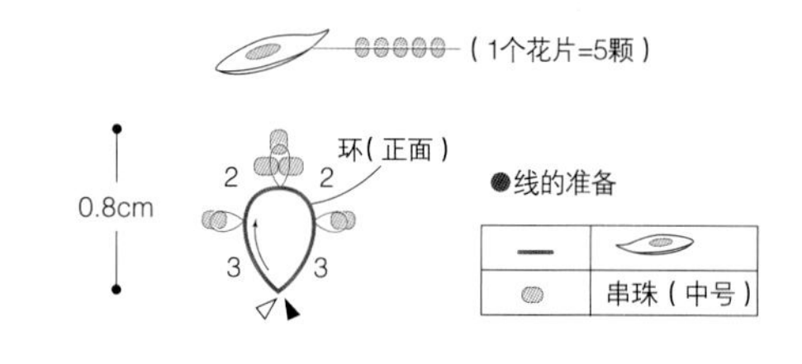

在每个耳上穿入6颗串珠

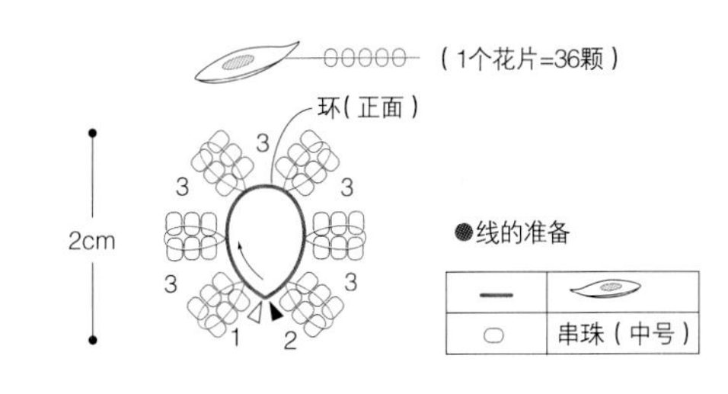

※下图中因为使用的是粗线，为了便于理解，将耳与耳之间的针目改成了2针

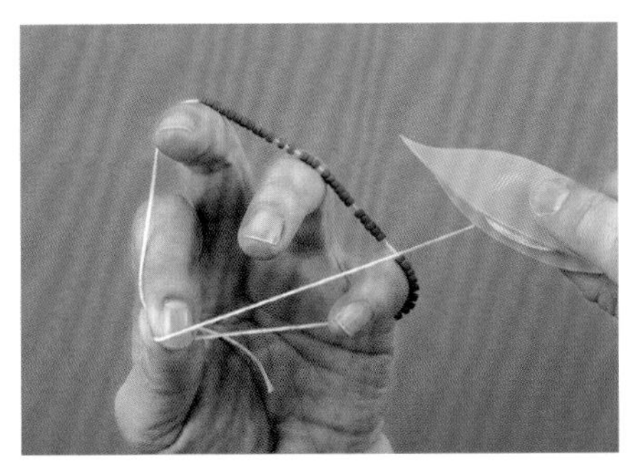

1 先在左手的线环中移入6颗×6=36颗串珠。

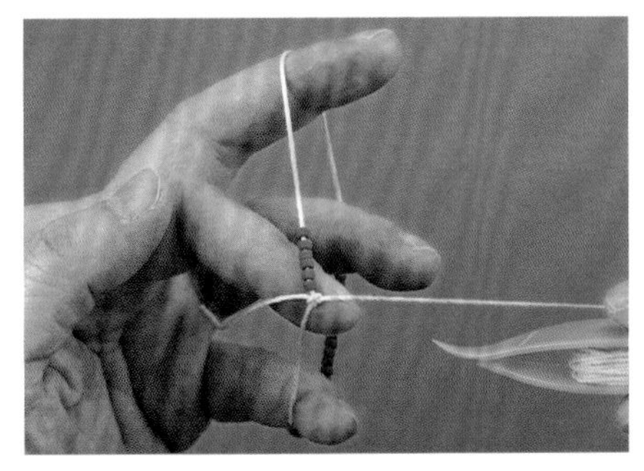

2 在耳的位置移过6颗串珠。

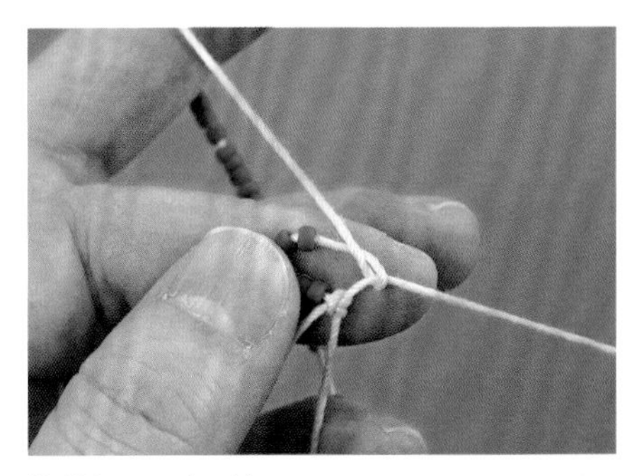

3 编织下一个下针。

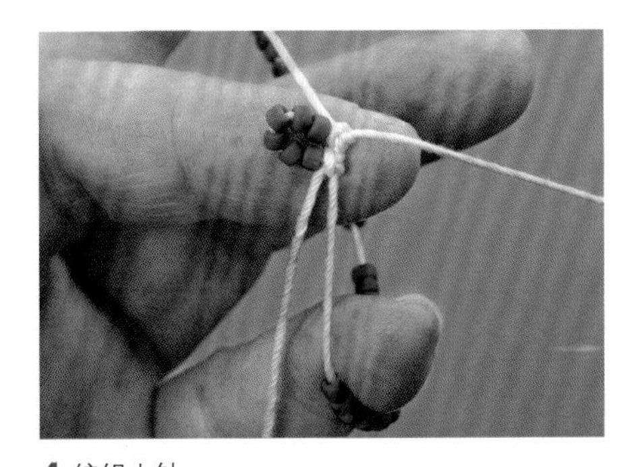

4 编织上针。

5 在每个耳上穿入了6颗串珠。

6 完成。

在每个耳上穿入4颗串珠

（1个花片=20颗）

环（正面）

3 3 3 3 1 2

1.4cm

●线的准备

—	（梭子）
○	串珠（中号）

在每个耳上穿入3颗串珠

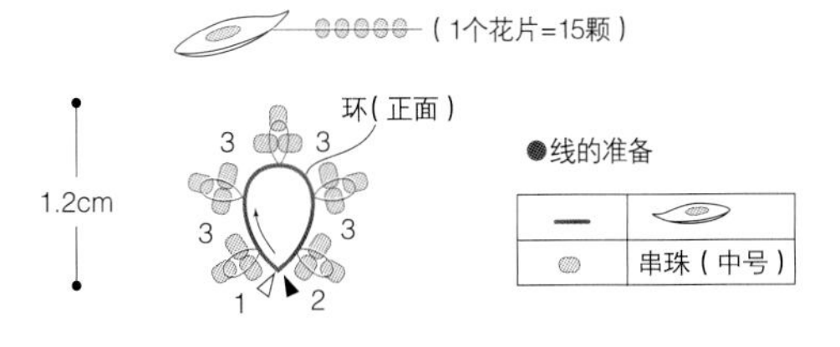

在芯线上（耳的根部）穿入串珠

※下图中因为使用的是粗线，为了便于理解，将耳与耳之间的针目改成了1针

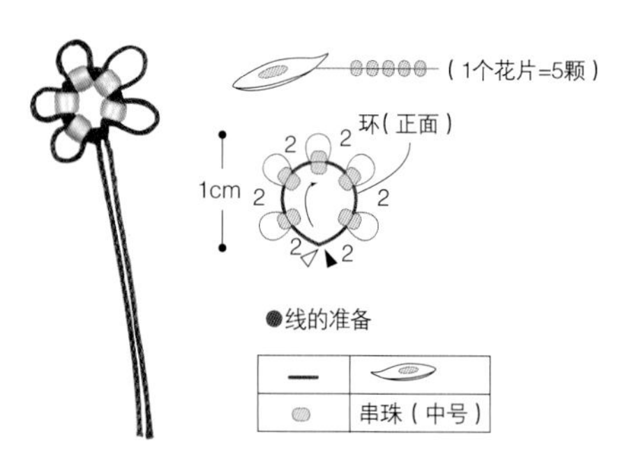

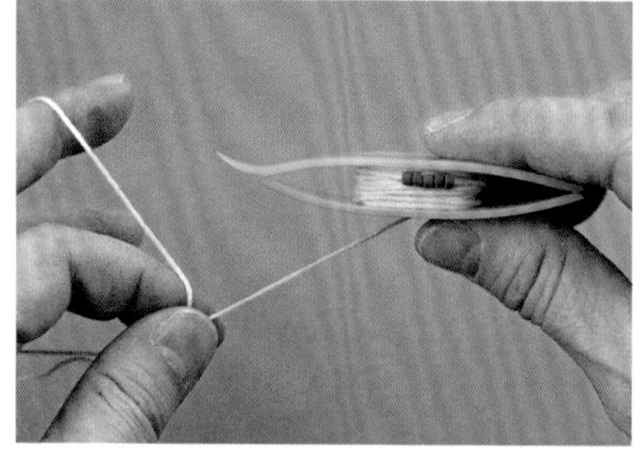

1 无须在左手的线环中移入串珠。在线中穿入串珠后绕在梭子上。

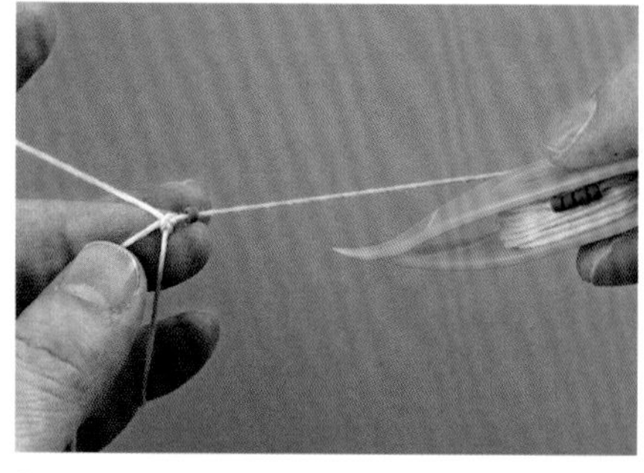

2 制作耳时，移过1颗穿在梭子线上的串珠。

3 编织下一针基础结制作耳。

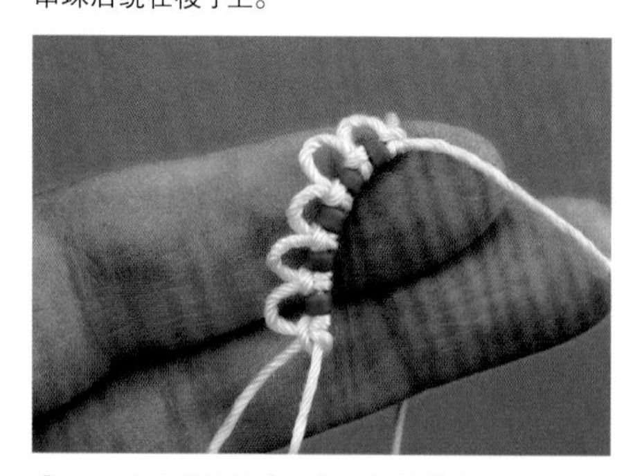

4 在每个耳的根部穿入串珠继续编织。

5 拉紧线，收成环。

在环的根部穿入串珠

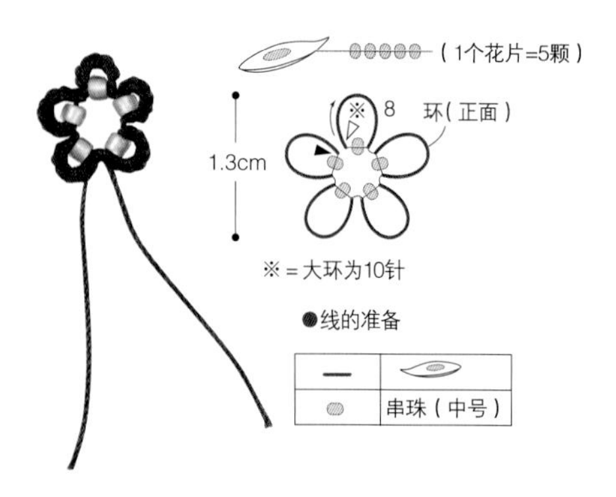

1 在左手的线环中移入1颗串珠。

2 编织指定针数的基础结。

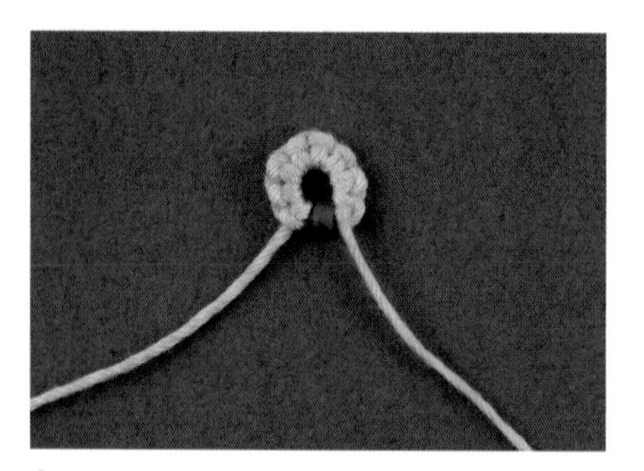

3 拉紧梭子上的线，串珠就穿在了环的根部。

4 重复以上操作，完成。

在耳上穿入串珠的饰边1

可以使用连在一起的梭子和线团开始编织。

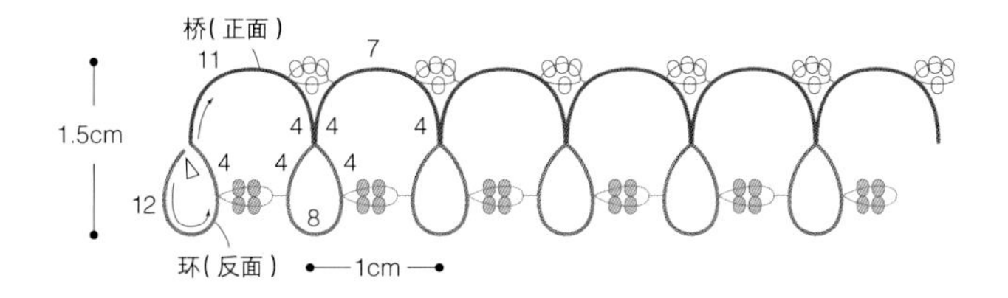

●线的准备

——	梭子
——	线团
●	串珠（中号）
○	串珠（中号）

※可以使用连在一起的梭子和线团开始编织

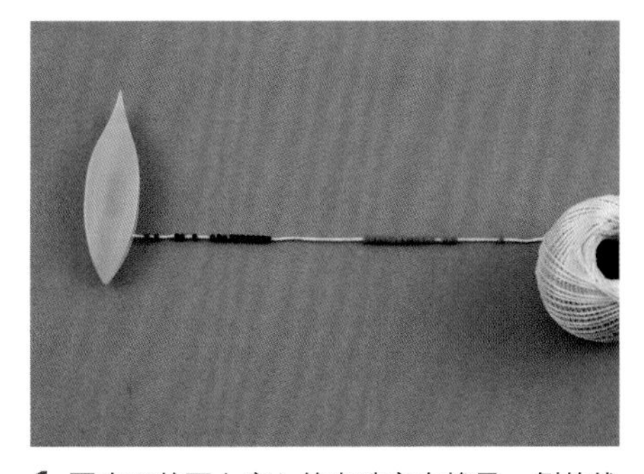

1 要在环的耳上穿入的串珠穿在梭子一侧的线中，要在桥的耳上穿入的串珠穿在线团端的线中。

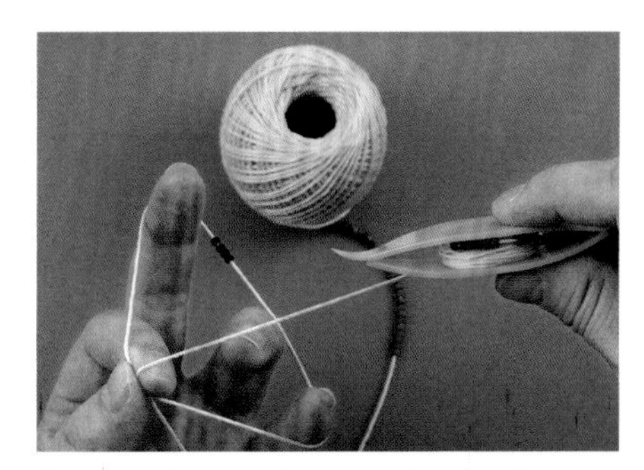

2 在左手的线环中移入4颗串珠后开始编织。

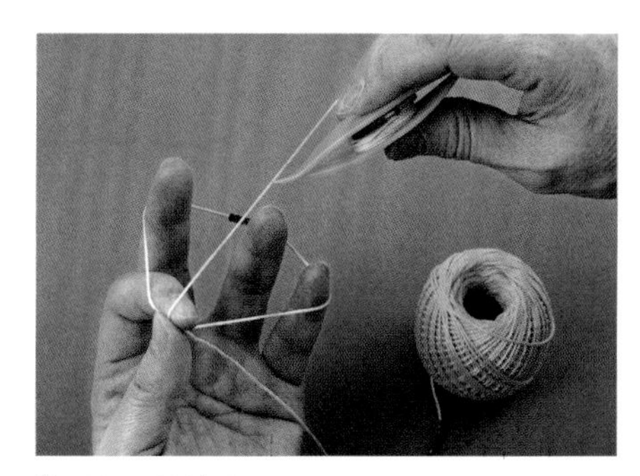

3 编织12针基础结。

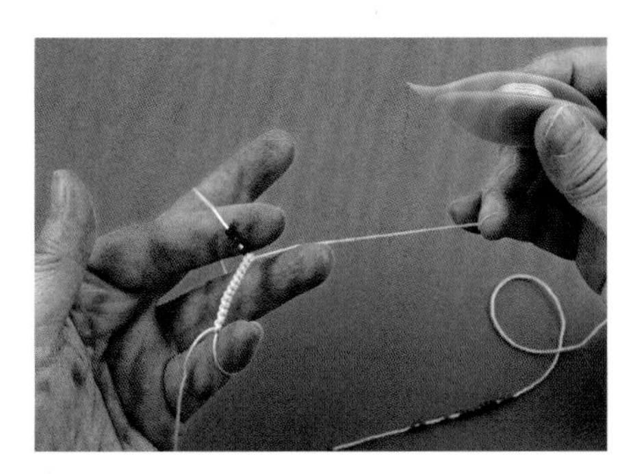

4 移过来4颗串珠。

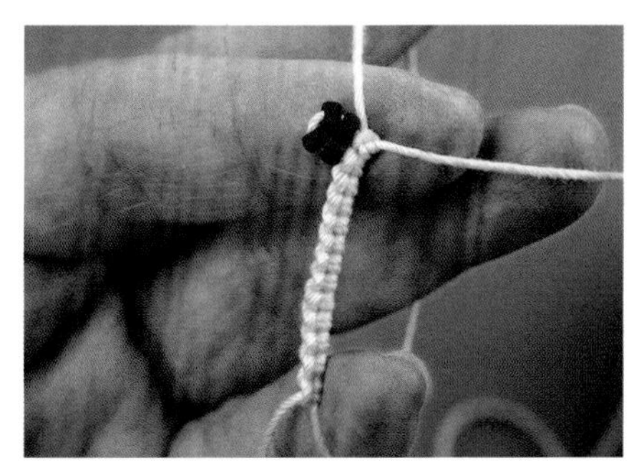

5 编织下一个基础结，耳上就穿入了串珠。

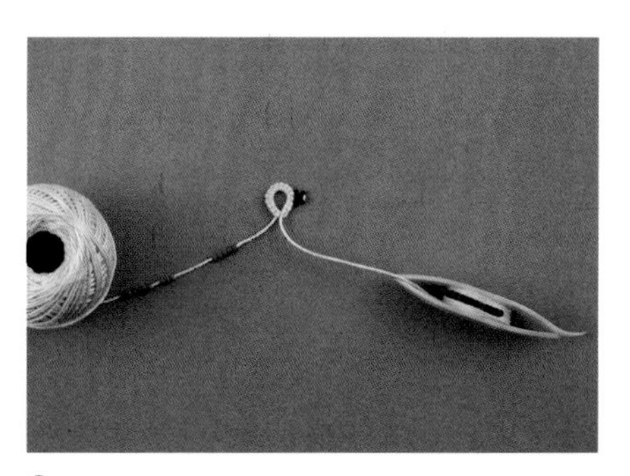

6 1个环完成。

7 翻至正面，将线团的线挂在左手上，开始编织桥。

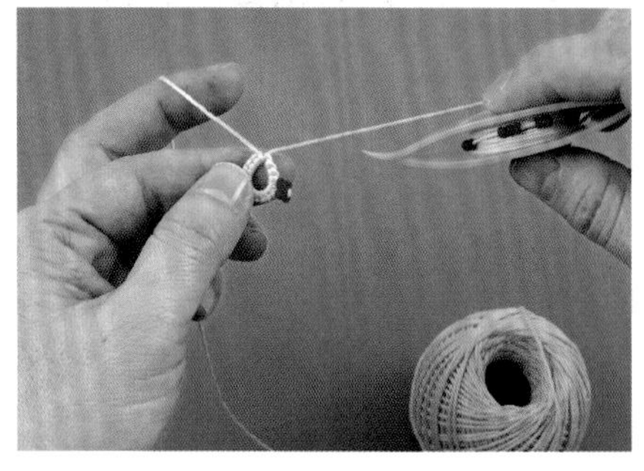

8 将穿在梭子端的串珠先绕在梭子上。

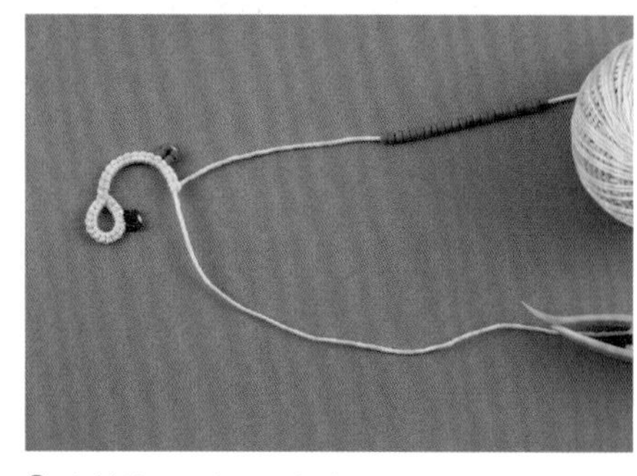

9 在桥的耳上穿入了串珠。

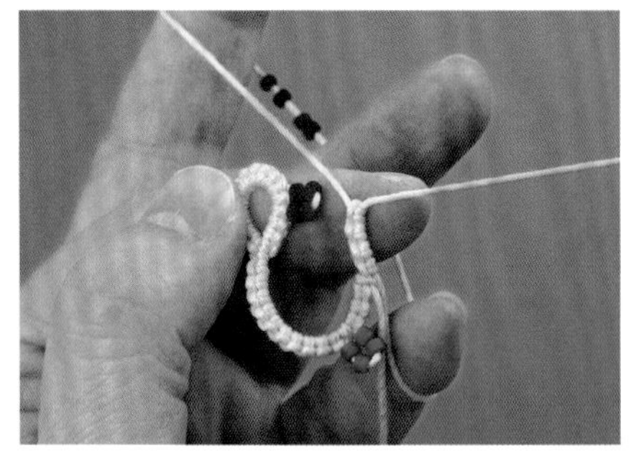

10 翻至反面编织环。编织至接耳的位置。

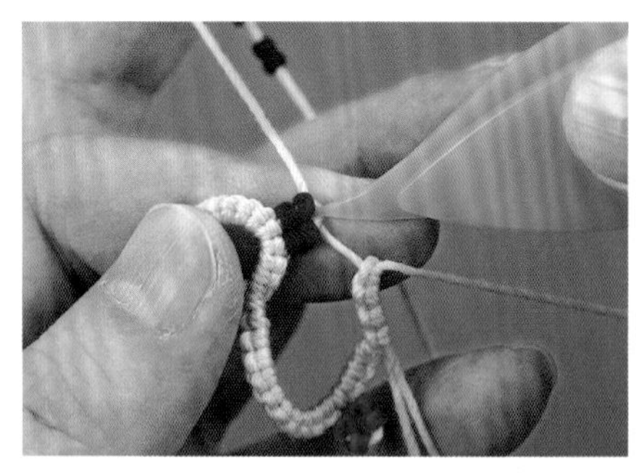

11 在穿入了串珠的耳上插入梭尖。

12 挑出线后穿入梭子。

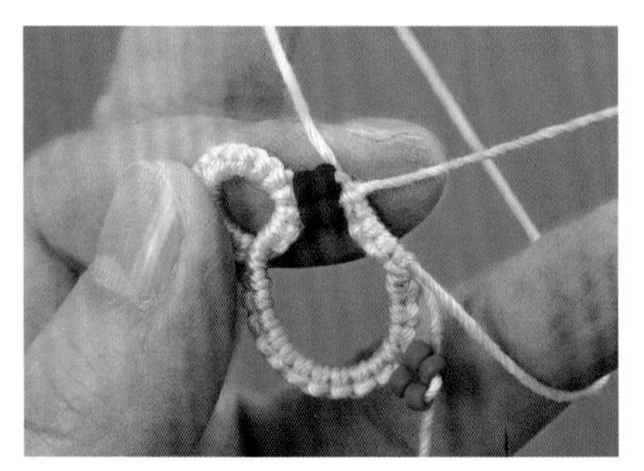

13 接耳完成。

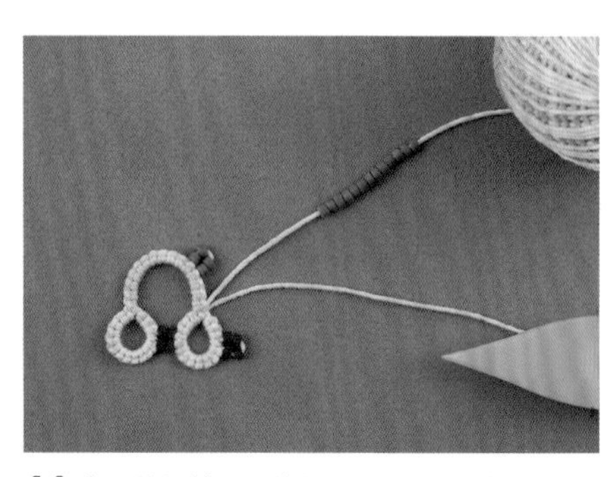

14 参照编织符号图编织环，然后翻至正面。

15 编织4针桥的基础结后进行接耳。

16 在耳中挑出线时，使耳上的串珠3颗在上、1颗在下。

17 接耳。

18 重复以上操作继续编织。

在耳上穿入串珠的饰边2 用蕾丝钩针穿入串珠

可以使用连在一起的梭子和线团开始编织。

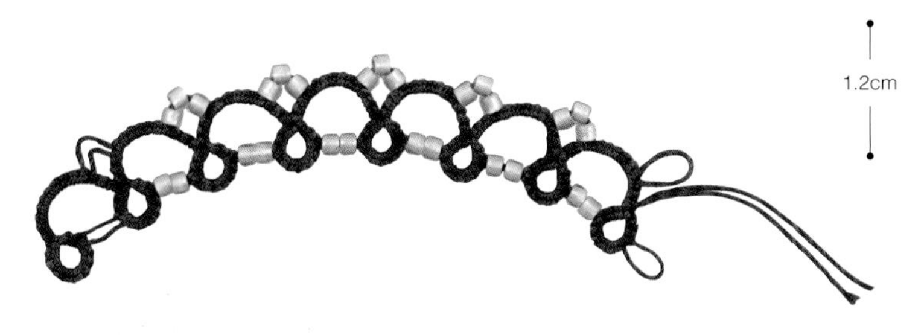

1.2cm

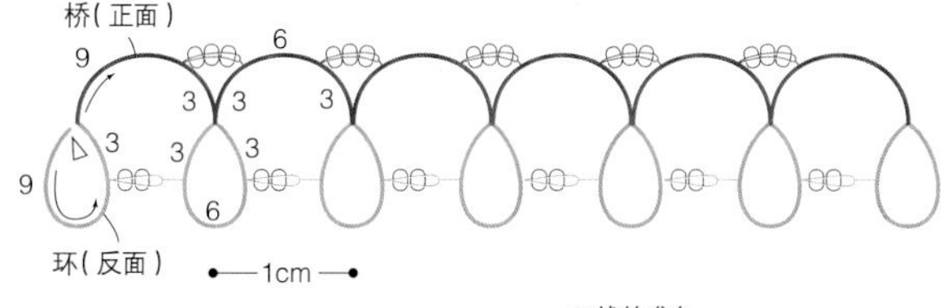

●线的准备

—	梭子
—	线团
○	串珠(中号)

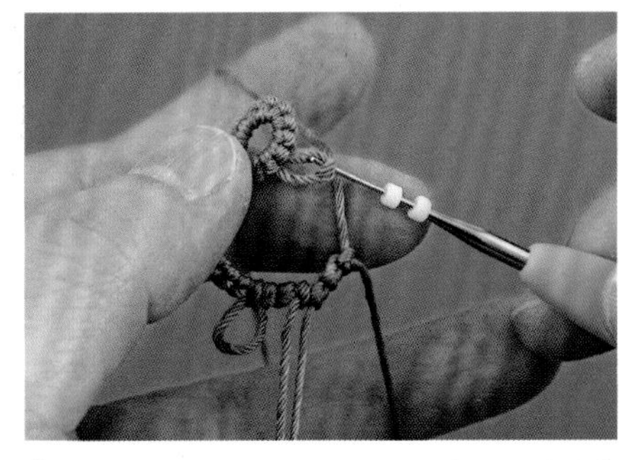

1 按指定针数编织至在环的耳上穿入串珠的位置。先用蕾丝钩针挑起串珠，再用针头钩住待连接的耳。

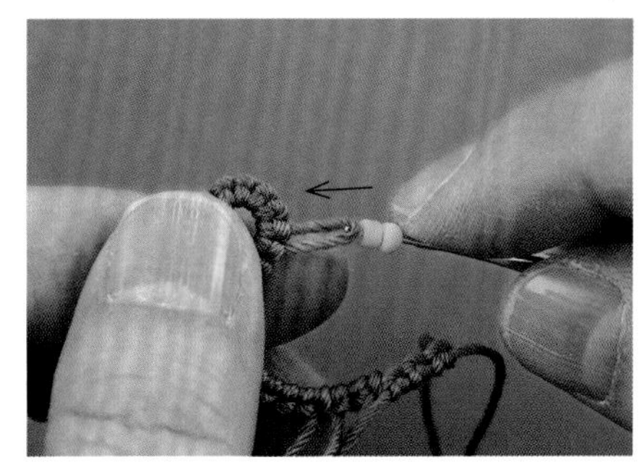

2 移动串珠。

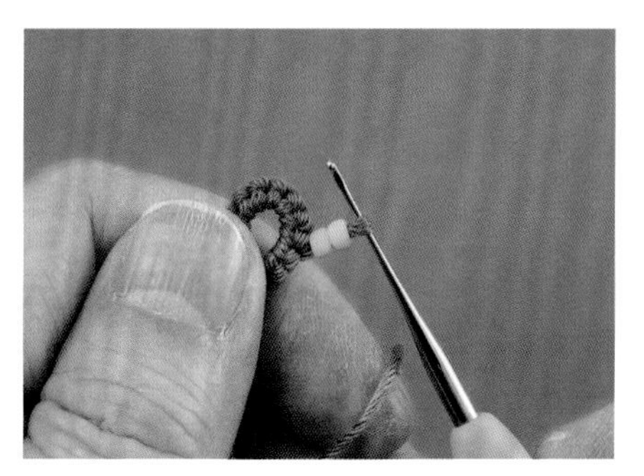

3 将串珠穿至耳上。

4 直接将左手的线环的线挂在蕾丝钩针上。

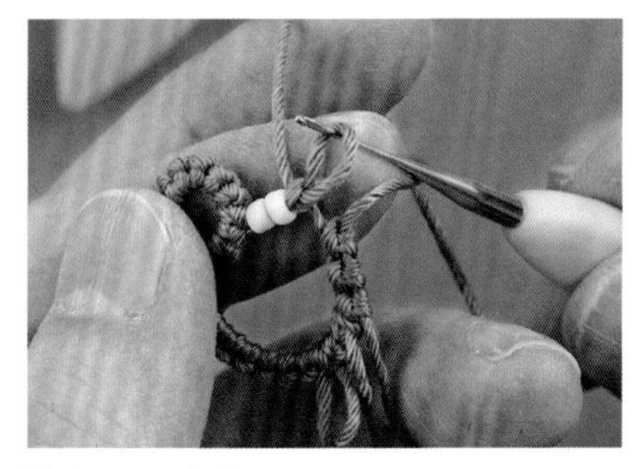

5 拉出大大的线圈。

6 在拉出的线圈中穿入梭子。

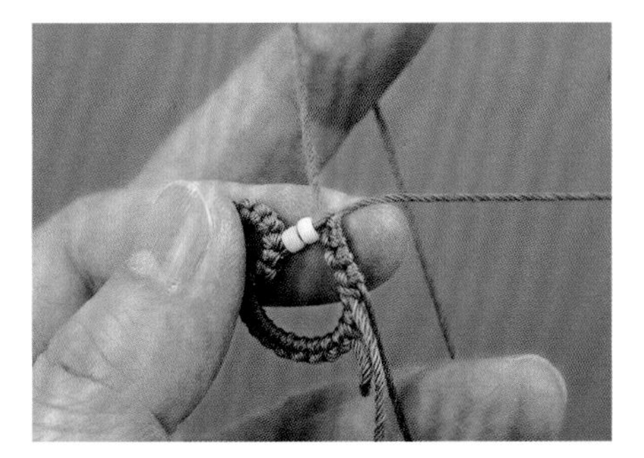

7 接耳。

8 这样，就在耳上穿入了串珠。

9 按相同要领在桥的耳上也穿入串珠。

在桥上穿入串珠的饰边

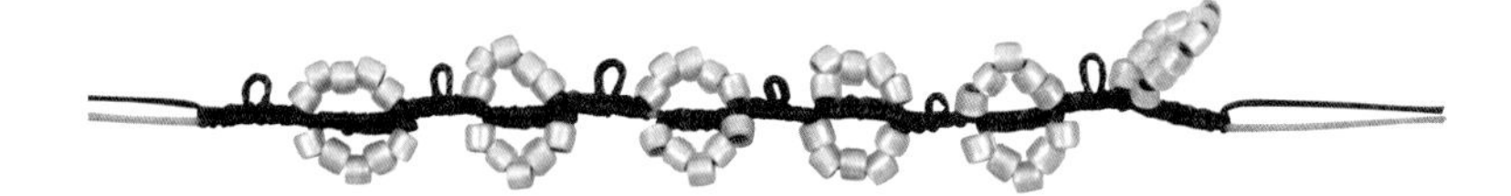

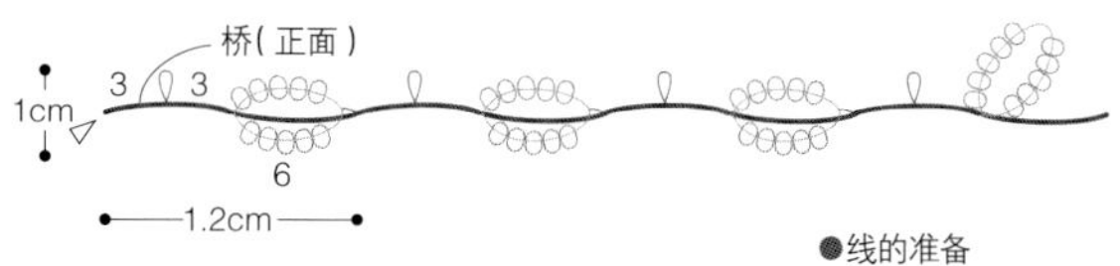

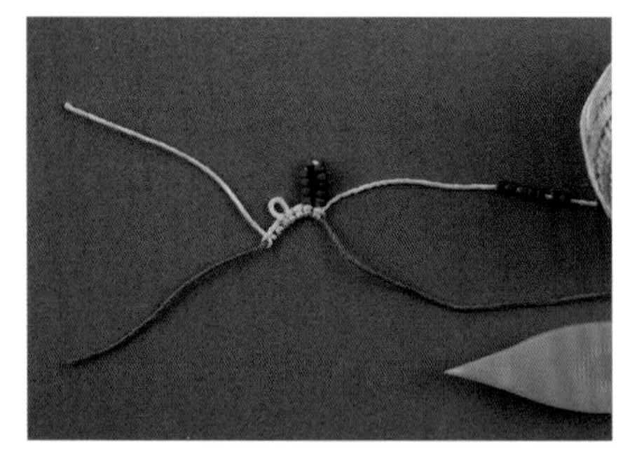

1 在指定的耳上穿入10颗串珠。

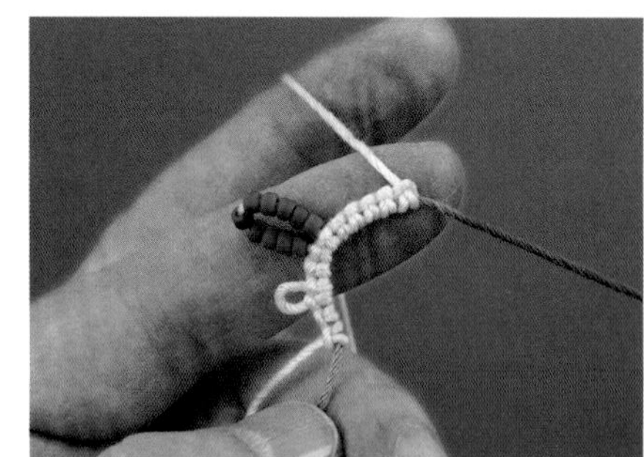

2 接着编织6针的桥。

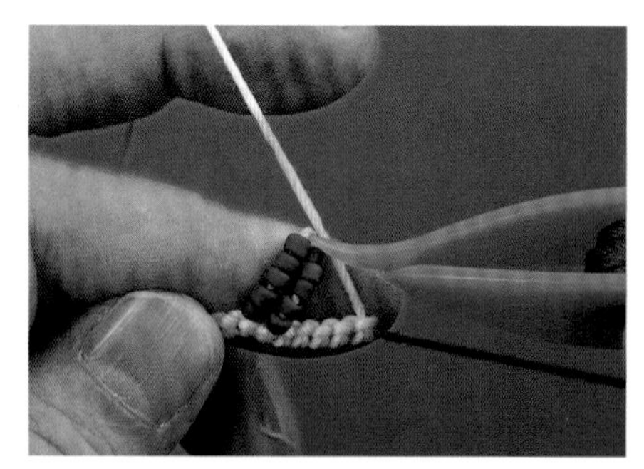

3 在加入了串珠的耳中插入梭尖。

4 挑出左手上线团的线，穿入梭子(接耳)。

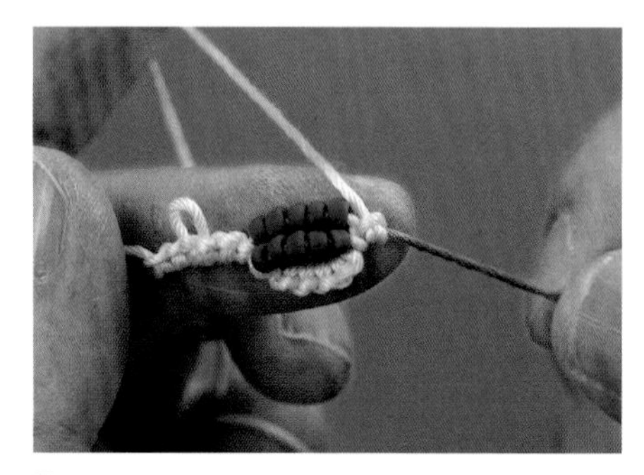

5 编织下一个基础结固定。此时，桥的6个针目反面朝上。

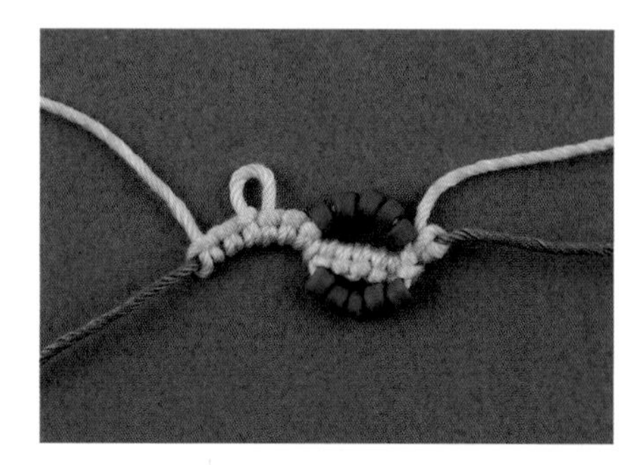

6 将穿入了串珠的耳向两侧打开。

要领 拆解环的方法

不要一针一针地拆解，而是退回到环收紧之前的状态后再拆解。

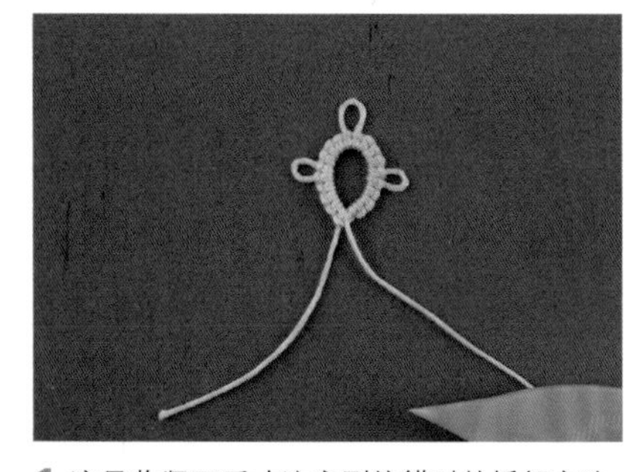

1 这是收紧环后才注意到编错时的拆解方法。

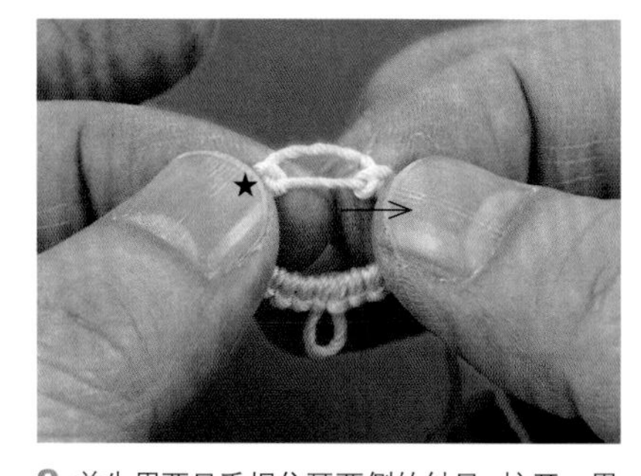

2 首先用两只手捏住耳两侧的针目，拉开。用力捏住★处，如箭头所示用右手拉开，将芯线拉长。

3 打开环的根部，长度就相当于刚才拉开的耳的距离，此时耳下方的芯线就会恢复原状。

用3根线一边编织一边穿入串珠的饰边

使用1个梭子和2个线团的线

这是在p.66“用3根线编织的饰边1”中穿入串珠后的效果

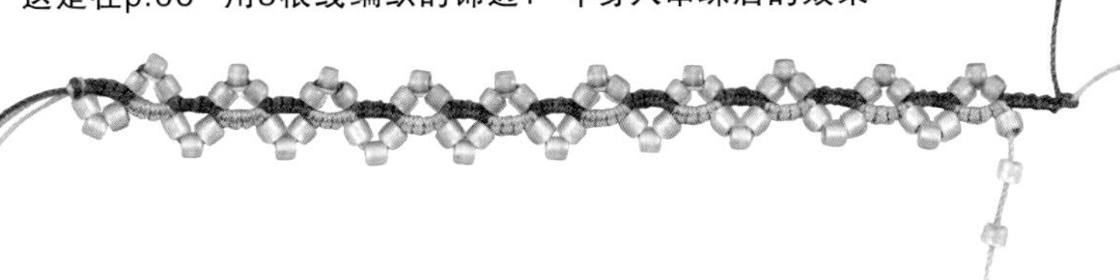

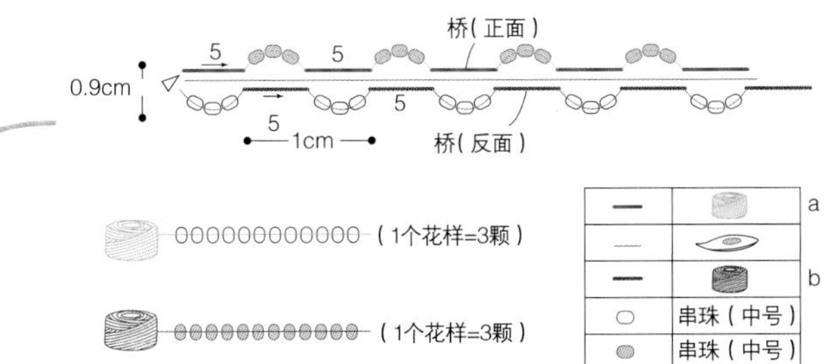

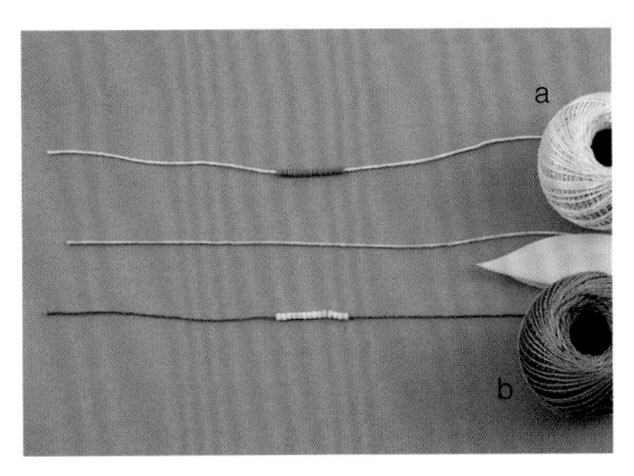

1 在1个梭子上绕好线，在2个线团的线中穿入串珠，开始编织桥。

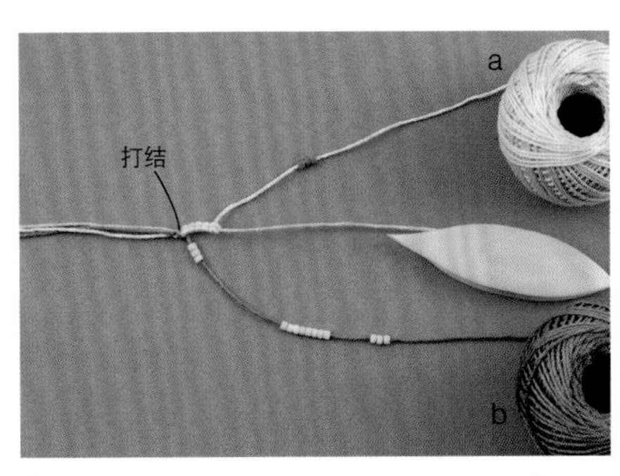

2 先将3根线打结后再开始编织。将a线挂在左手上，编织基础结。

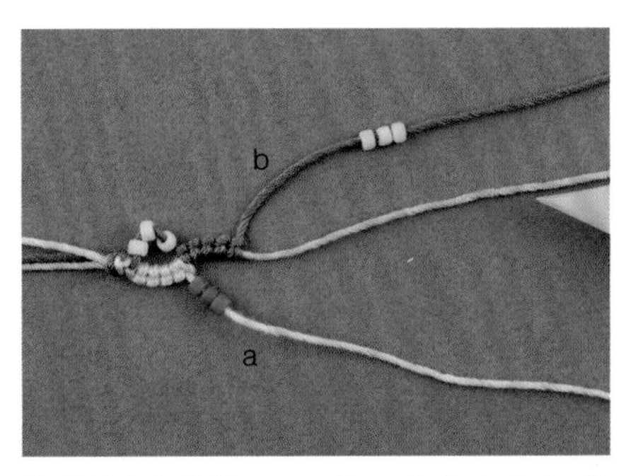

3 将编织好的针目翻至反面，移过3颗串珠，将b线挂在左手上编织基础结。

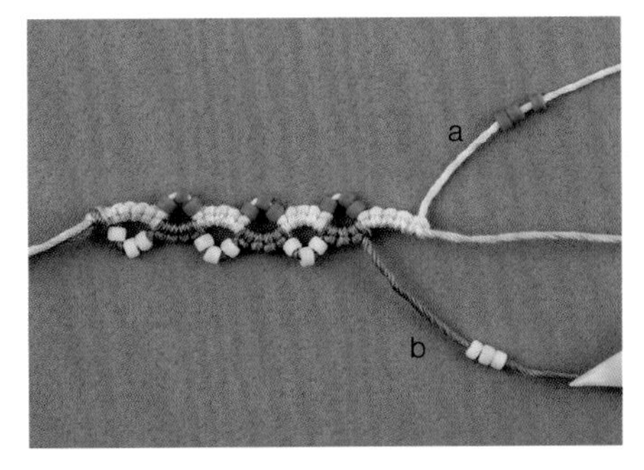

4 翻回正面，移过3颗串珠，将a线挂在左手上编织基础结。重复以上操作继续编织。

4 重复以上操作，将环的线圈放松至适当大小，然后拆解针目。

要领 如何制作成饰品

需要注意制作成饰品时的线头处理。
先在线头涂上胶水，等线头变硬后再穿入包线扣固定好。

包线扣的安装方法

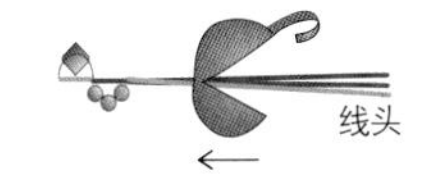

在线头涂上胶水，
将3根线并在一起穿入包线扣的小孔。

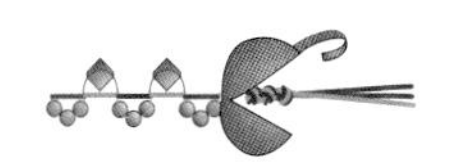

打2~3次结，再涂上胶水。

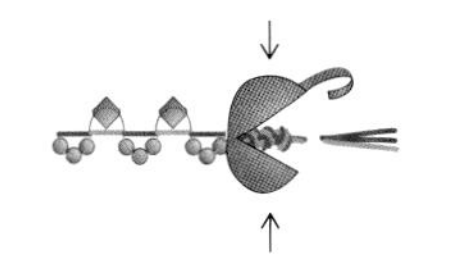

等胶水晾干后，剪掉多余的线，
用尖嘴钳闭合包线扣。

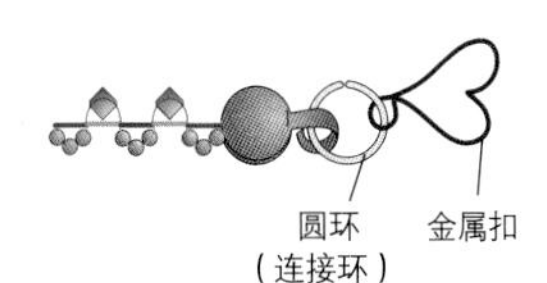

装上圆环(连接环)和金属扣等。也可以直接将圆环等穿在梭编的环上。

串珠 在双重耳上穿入串珠的花片

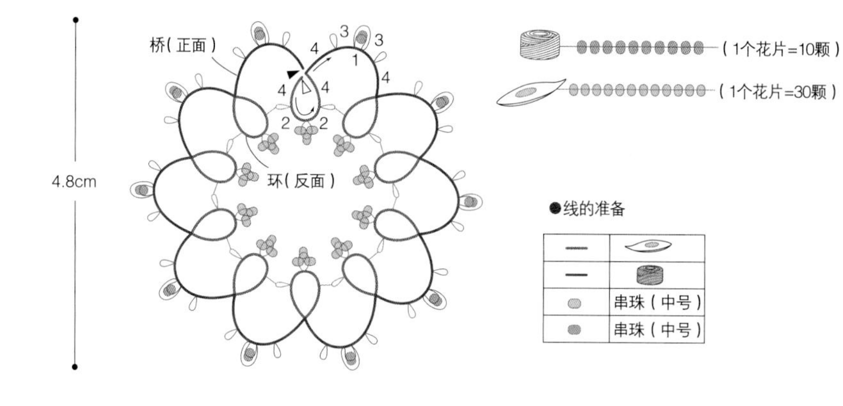

在双重耳上穿入串珠的编织方法

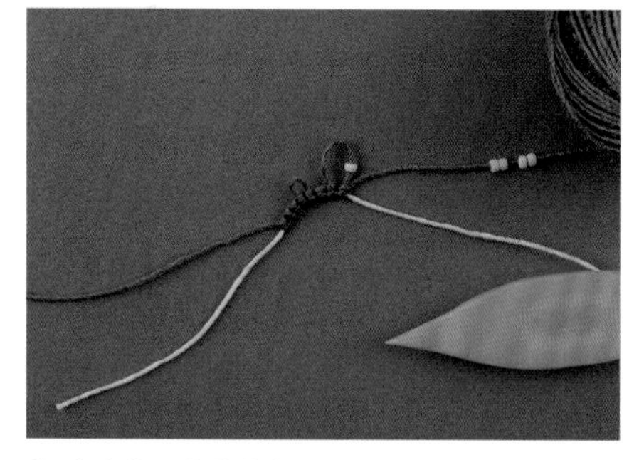

1 先在线团的线中穿入串珠。编织指定的针数，然后制作加入1颗串珠的长耳。

2 将耳折一下，按接耳的要领从耳的顶端挑出线，穿入梭子后拉紧。折耳时注意串珠的位置。

3 在小耳上穿入了串珠的双重耳完成。

串珠 在渡线上穿入串珠的花片

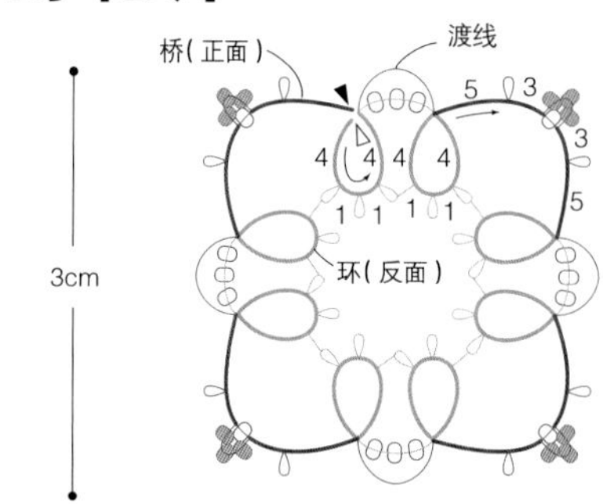

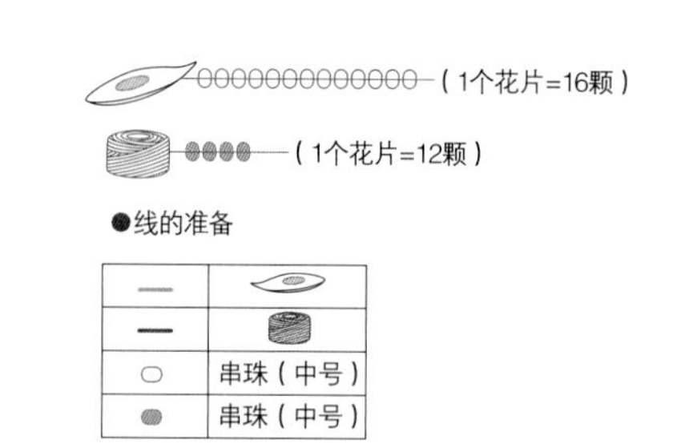

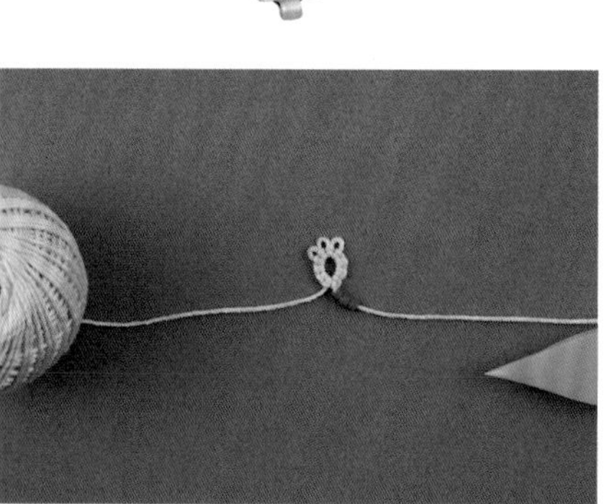

1 先在梭子的线上穿入要加在渡线上的串珠。编织1个环，在编织下一个环前将串珠移至渡线上。

2 加入的3颗串珠部分作为渡线，接着编织下一个环。

3 翻至反面，线团的线留出适当长度作为渡线，接着编织后面的桥。从梭子的线上移过1颗串珠，从线团的线上移过3颗串珠后制作耳。

在分裂环上穿入串珠的饰边

使用连在一起的2个梭子开始编织。

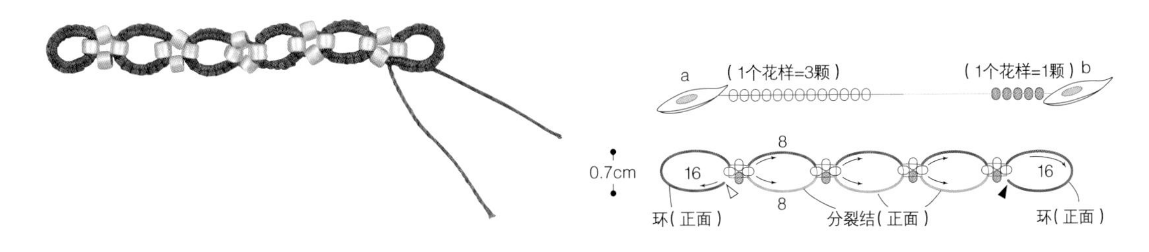

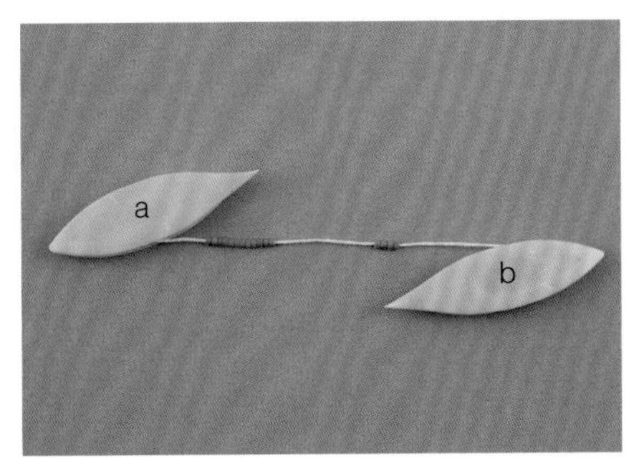

1 先在梭子a上的线上穿入3颗×花样个数的串珠，在梭子b上的线上穿入1颗×花样个数的串珠。

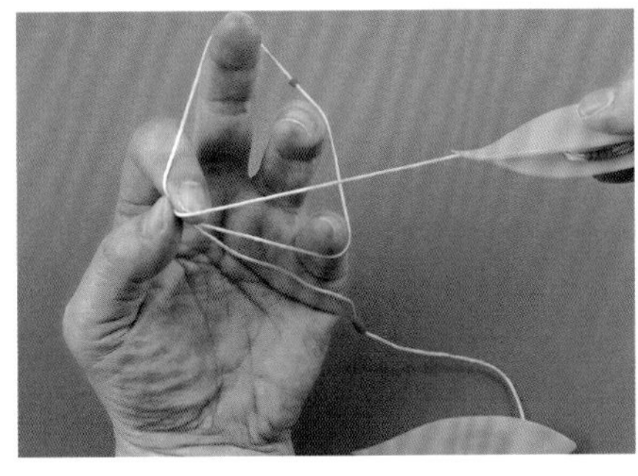

2 用梭子a上的线在左手上绕成环状，在线环中移入1颗串珠，编织环。

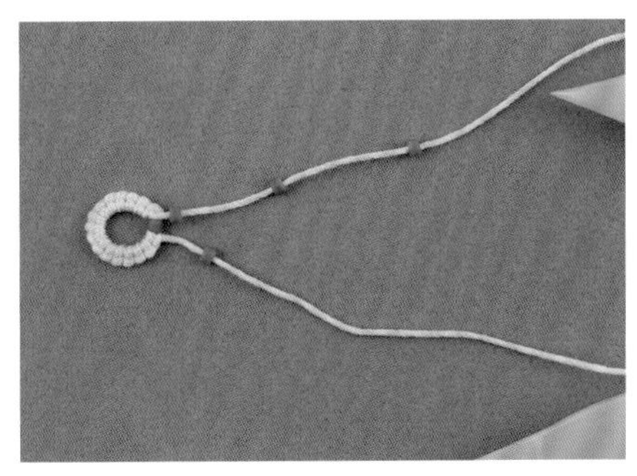

3 收紧环时，就会在环的根部穿入1颗串珠。

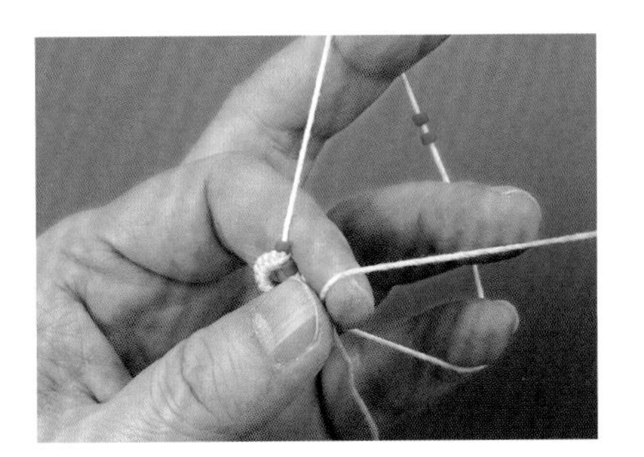

4 从梭子a上的线上移过1颗串珠，从梭子b上的线上移过1颗串珠，再在左手的线环中移入2颗串珠（包括下一个环中要用的1颗串珠），编织下一个环。

5 编织基础结后移过1颗串珠。

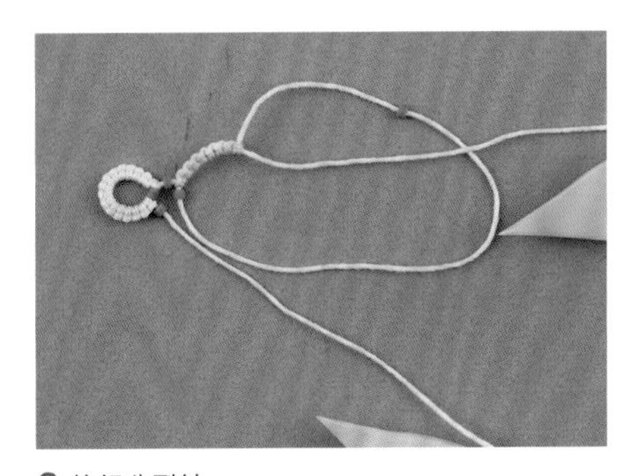

6 编织分裂结。

7 分裂结编织完成后，收紧环。

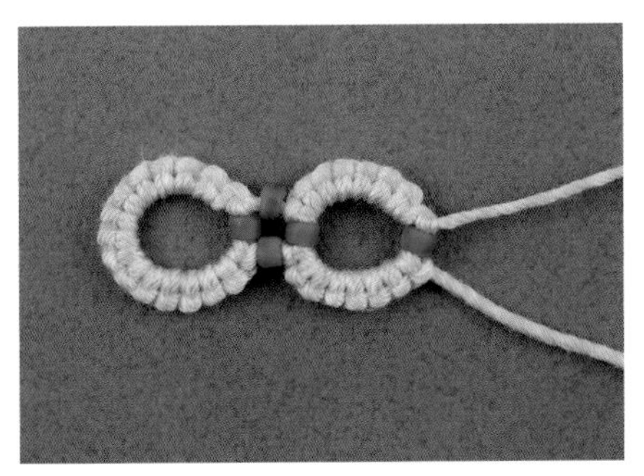

8 这样就穿入了串珠。重复以上操作。

World Tattings

世界各地的梭编蕾丝

“梭编蕾丝”有很多种，
除了使用船形梭子编织的传统梭编蕾丝之外，
还有使用类似手缝针的梭针编织的“针梭蕾丝”，
以及使用类似钩针的针具编织的“高岛梭编蕾丝”等。
此次特意收集了相关资料，为大家一一介绍各种梭编技法。

※ 所有作品仅供参考

针梭蕾丝工具

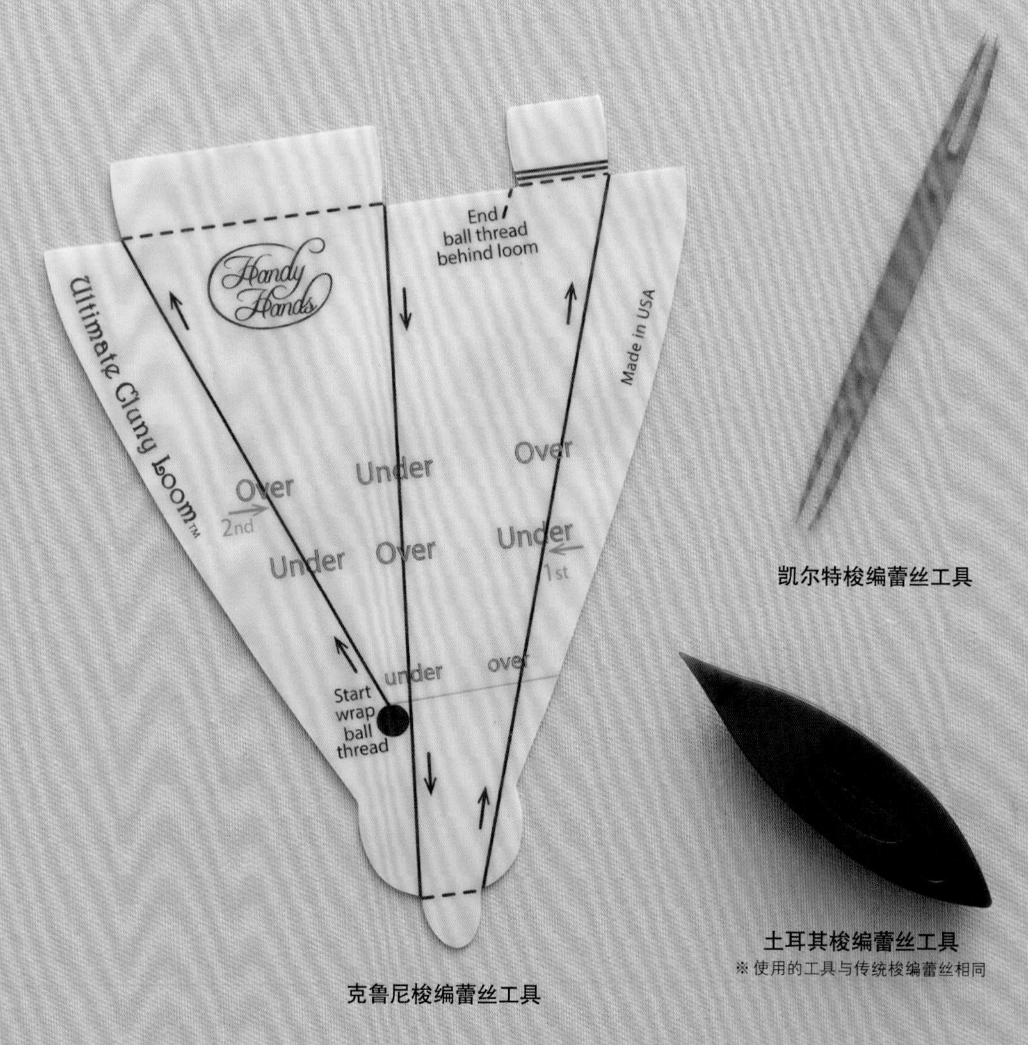

凯尔特梭编蕾丝工具

土耳其梭编蕾丝工具

※ 使用的工具与传统梭编蕾丝相同

克鲁尼梭编蕾丝工具

高岛梭编蕾丝工具

Celtic Tatting
凯尔特梭编蕾丝

这些桥与桥之间相互叠加交叉，看似复杂的凯尔特梭编蕾丝是如何编织的呢？
下面的花片中，一层桥里套着另一层桥。
为了编织出这样的形状，必须在桥和环中来回穿梭子。

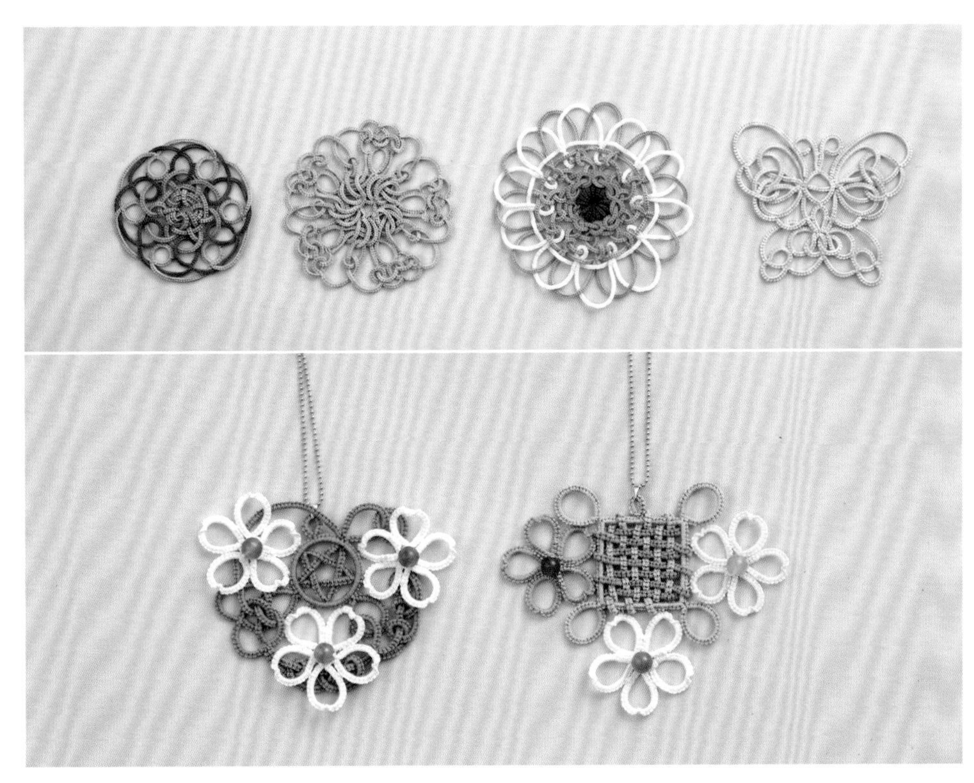

使用凯尔特梭子编织的作品
设计/今泉熙美

凯尔特（Celt）是指英国的苏格兰、爱尔兰和威尔士周边地区。历史上这里的人们使用的很多图案看上去都与这种相互交织的绳结花样相似。即使简单的图案，也是环与环相互重叠，似乎蕴含着某种神秘的意义。

为了重现这样的图案，必须在环中来回穿梭子，进行复杂的交织操作。因此，使用的梭子逐渐演变成细窄的形状，以便于穿梭。也可以搭配另一个普通梭子使用，作品的变化丰富多彩。

Celtic Tatting Knots & Patterns
作者：Rozella F Linder
出版社：Handy Hands, Inc
刊登了凯尔特花样的作品和制作方法

用于凯尔特梭编蕾丝的梭子

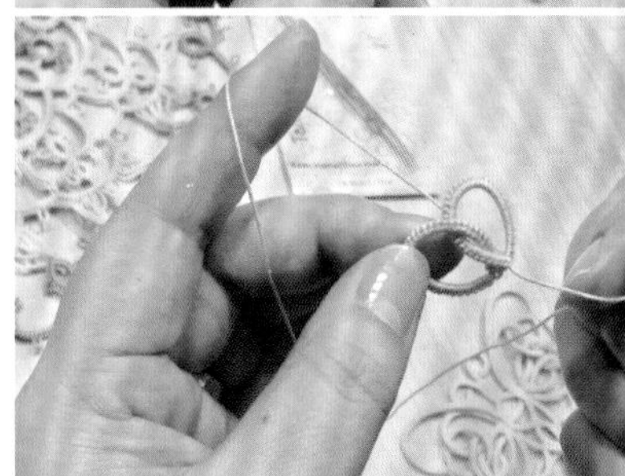

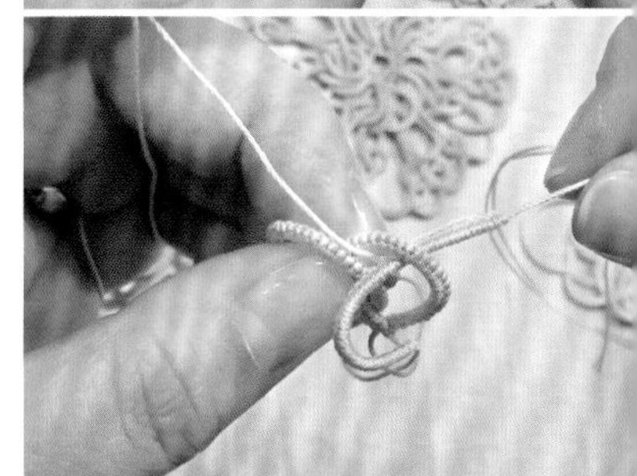

基础结的编织方法与普通的梭子几乎相同。图中展示的是从桥下穿过细窄的梭子。

Takashima Tatting

高岛梭编蕾丝

这是诞生于日本本土的梭编蕾丝。
高岛梭针的两端是特殊的钩子形状，编织基础结时在钩子部分挂线拉出，所以芯线有2根。
有4种粗细不同的梭针，从40号蕾丝线到极粗毛线均可编织，也适合编织衣物。

左上图是用不同粗细的梭针和线编织的同一个花片。左下图是组合细线和粗线编织的作品。
作品和花片的设计／高岛妙子

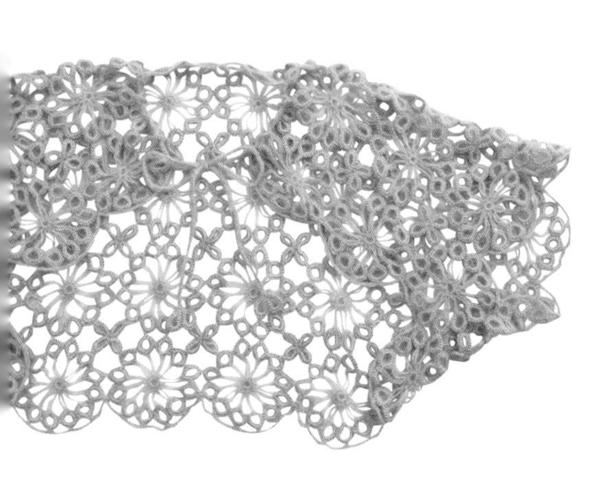

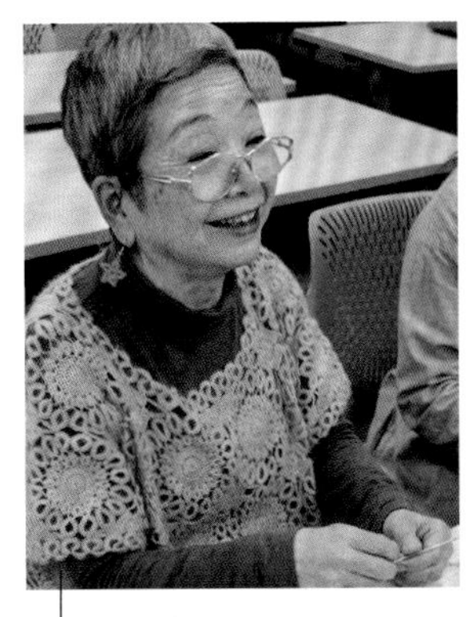

高岛妙子
希望更多的朋友可以灵活广泛地运用高岛梭编蕾丝。
http://www.takashima-tatting.com/

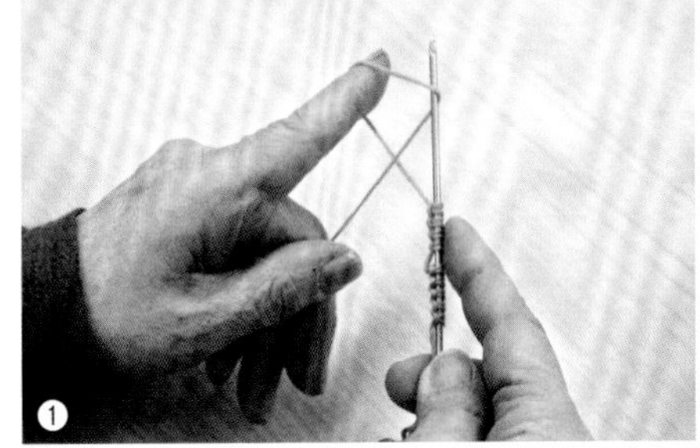

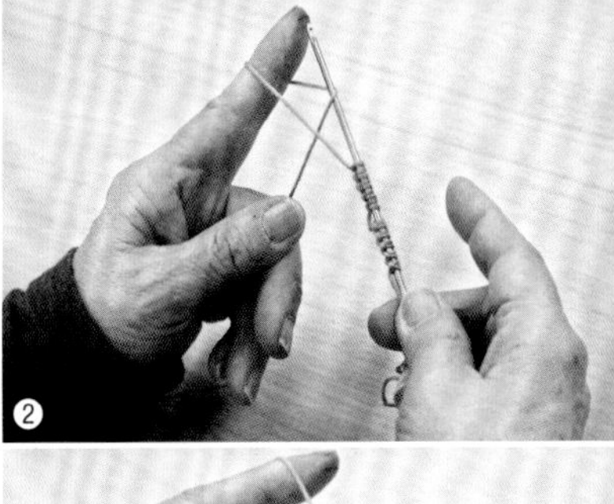

高岛梭编蕾丝中环的编织方法

❶下针的挂线方法。
❷上针的挂线方法。
❸以梭针为芯继续编织基础结。
❹在针头挂线，从基础结中拉出。
❺收紧穿线后两端的线环。
❻再次挂线后拉出，制作环。
❼由于是2根芯线，比起用梭子编织的梭编蕾丝，作品显得更加饱满。

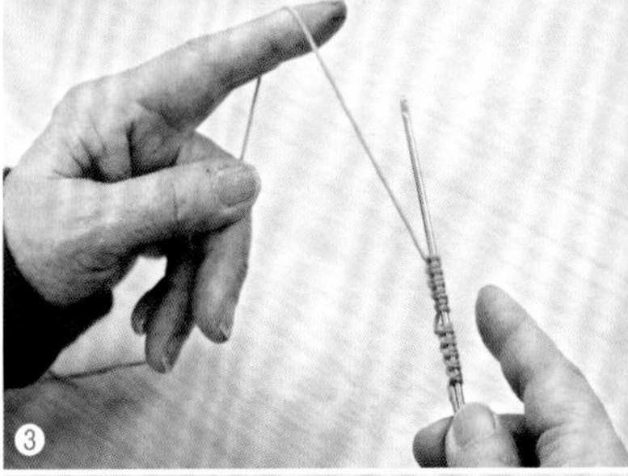

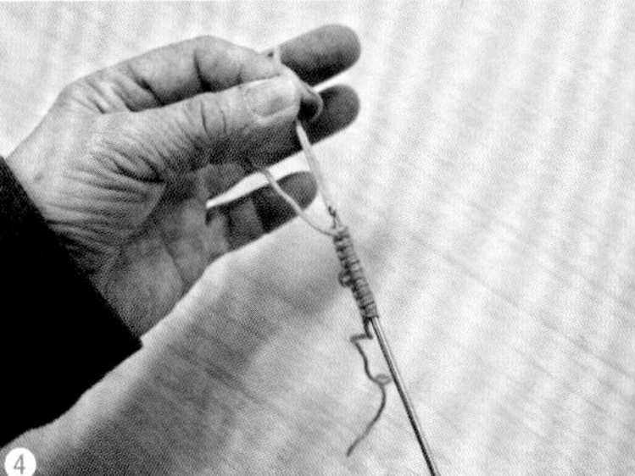

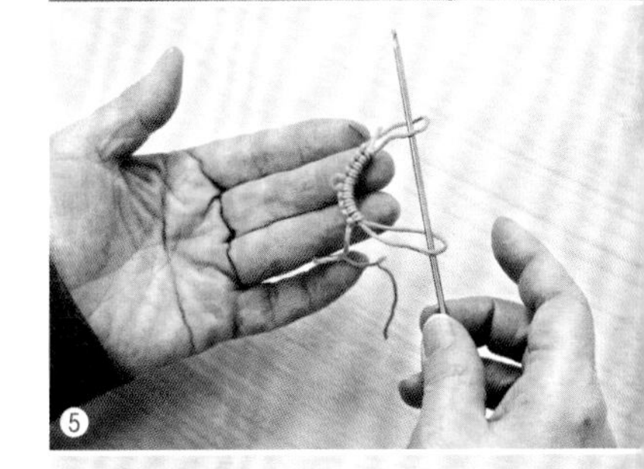

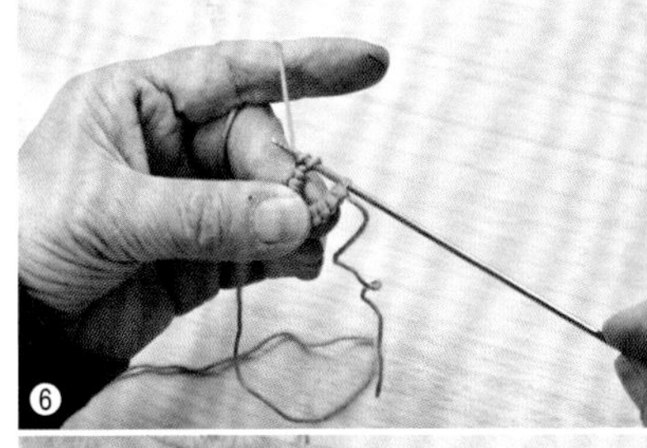

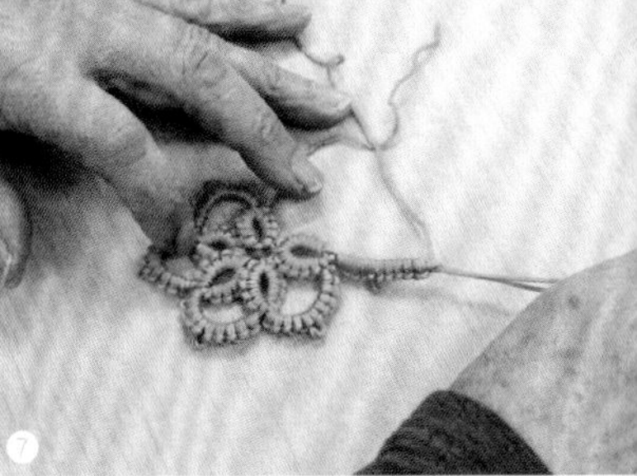

高岛梭编蕾丝的教材和梭针

梭编蕾丝的基础是组合编织环和桥，制作各种各样的花片。梭编蕾丝是否有更加简单的编织方法？是否可以用不同粗细的线编织各种作品？正是出于这样的想法，高岛寿子发明了用高岛梭针编织的梭编技法。直接从线团拉出线开始编织，即使编错了也可以很简单地拆掉重编。还可以组合纤细的蕾丝线和较粗的线进行编织。现在，高岛寿子的女儿高岛妙子在日本国内开设讲座，希望向更多的手作爱好者传授高岛梭编蕾丝。高岛妙子从2008年开始，每年参加在德国举办的国际梭编蕾丝展，海外的爱好者也越来越多。

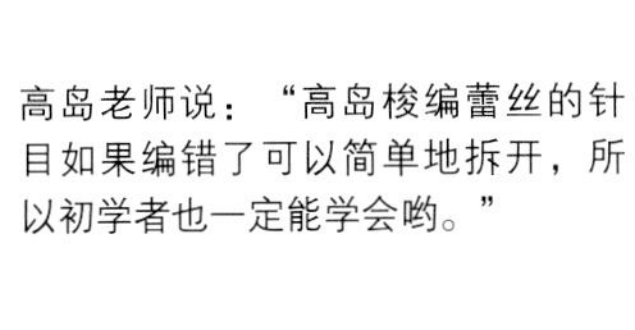

高岛老师说："高岛梭编蕾丝的针目如果编错了可以简单地拆开，所以初学者也一定能学会哟。"

Needle Tatting

针梭蕾丝

在类似手缝针的长针上穿入线，然后在梭针上编织基础结。
编织方法与高岛梭编蕾丝相似，不同的是线的拉出方式。
此外，编织针梭蕾丝时的芯线只有1根。

改变梭针的粗细，可以使用粗线编织，花片的大小也会不同

作品和花片的设计/今泉熙美

使用较粗的梭针和
马海毛线编织的披肩

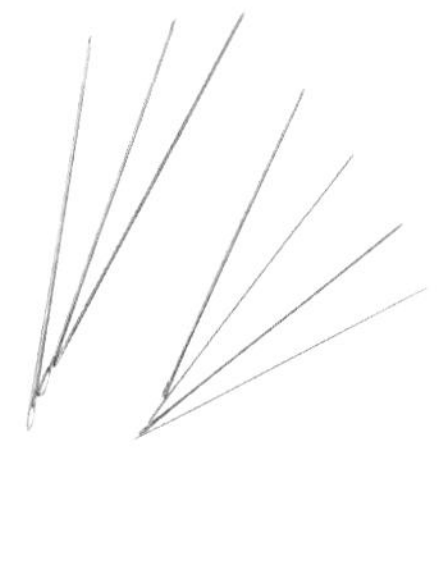

由河南科学技术出版社引进出版的《针梭蕾丝入门教程》，是国内第一本针梭蕾丝教程，热销中

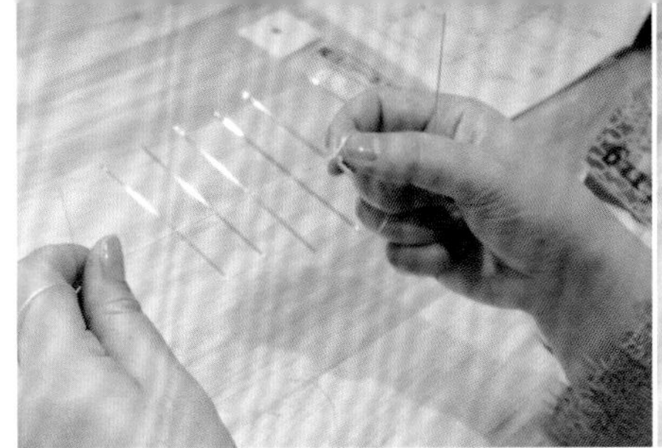

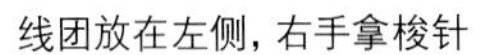

线团放在左侧，右手拿梭针

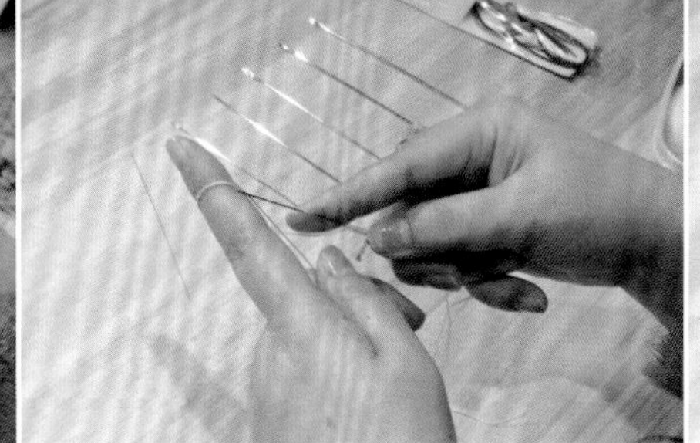

下针的挂线方法

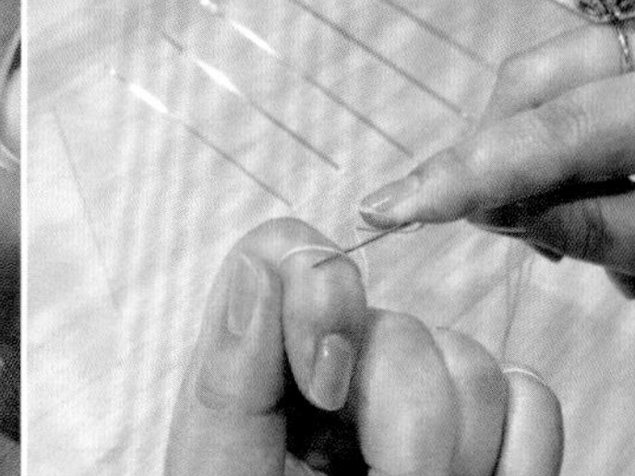

上针的挂线方法

针梭蕾丝是在左手上挂线，转动右手的梭针制作下针和上针，编织基础结。也就是说，在梭针上编织针目，此时梭针相当于使用梭子编织时的芯线。完成针目后，拔出梭针，就穿过了1根芯线。不只是挂在梭针上的针目，就是已经完成的环和桥也非常容易拆解。长年编织针梭蕾丝作品的今泉熙美说，有的作品只有针梭蕾丝才能编织出来，也可以与凯尔特和克鲁尼等梭编蕾丝的工具结合起来编织。据说现在正考虑与魔法一根针（类似于阿富汗针）结合编织。

应学生们的要求出版的日本第一本针梭蕾丝教材。连细节部位的编织方法也非常详尽

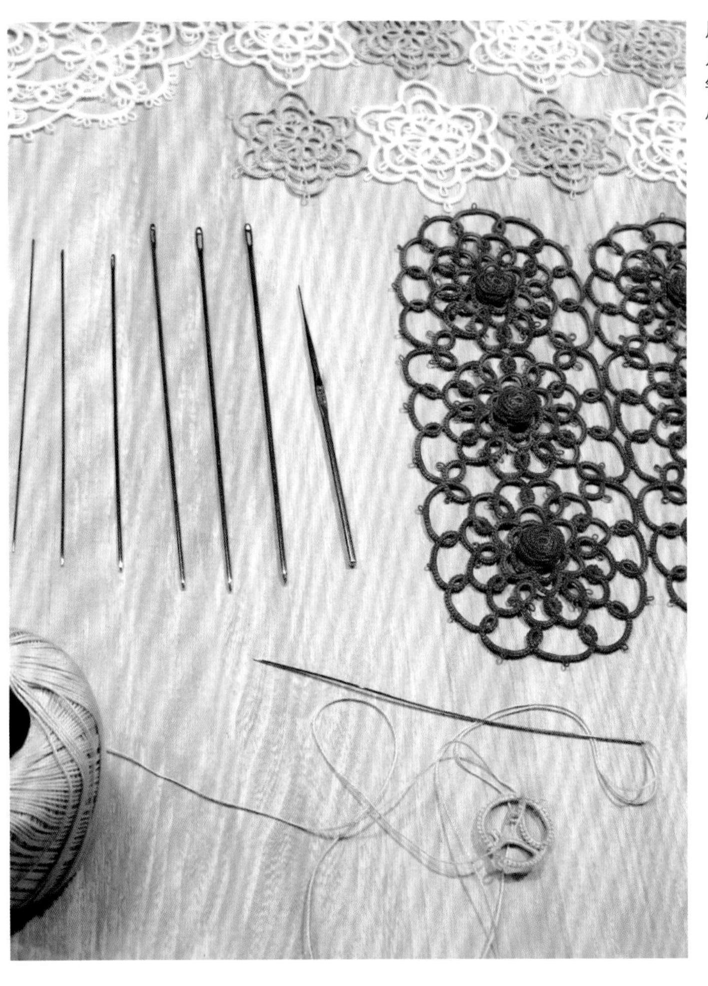

用梭子编织时，线的粗细决定花片的大小。而编织针梭蕾丝时，梭针和线的粗细都会影响花片的大小。另外，接耳时要用到蕾丝钩针

Mekik Oya
土耳其梭编蕾丝

Oya在土耳其语中是装饰花边的意思。其中，用蕾丝钩针编织的花边以及用手缝针编织的花边非常有名，另外还有一种用梭子编织的花边，即土耳其梭编蕾丝。虽然作品与普通的梭编蕾丝非常相似，但是，土耳其梭编蕾丝有其独特之处，那就是炫彩亮丽的配色。

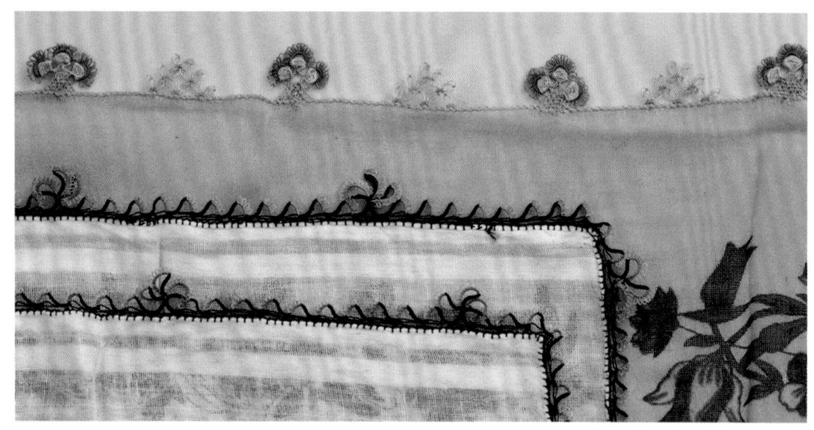

在土耳其购买的纪念品。边缘就是土耳其梭编蕾丝

关于土耳其的蕾丝花边，我采访了小岛优子，她曾经多次赴土耳其感受当地的蕾丝花边，现在还开设了土耳其手缝针花边和梭编蕾丝的讲座。

“所有的针目都是以左手线为芯线，将右手梭子上的线绕在芯线上编织而成。”这不是与分裂结的编织方法一样吗？其实还是有微妙差异的。小岛优子解释说：“最明显的差异就是色彩的应用更加自由。与普通的梭编蕾丝相比，线的使用不受束缚，更加自由随意。”比起花片和垫子，土耳其梭编蕾丝主要用于花边的装饰，所以很多传统花样都可以无须断线编织得很长。

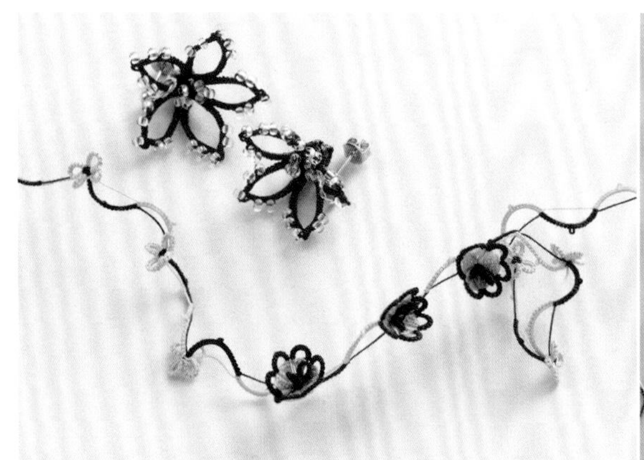

小岛优子设计的原创作品

土耳其传统花样的演绎

小岛老师原本就是一名蕾丝编织老师，她深入浅出地为我讲解了土耳其梭编蕾丝与普通梭编蕾丝的区别

Cluny Tatting

克鲁尼梭编蕾丝

克鲁尼梭编蕾丝是在3根经线上像纺织一样来回穿线制作的花片。
因为呈现叶片的形状，所以也叫作克鲁尼叶子。这种技法经常用在棒槌蕾丝和编绳中。
或许是可以使用2根线编织，容易与梭编相结合的原因吧，这种技法也逐渐应用在梭编蕾丝中。

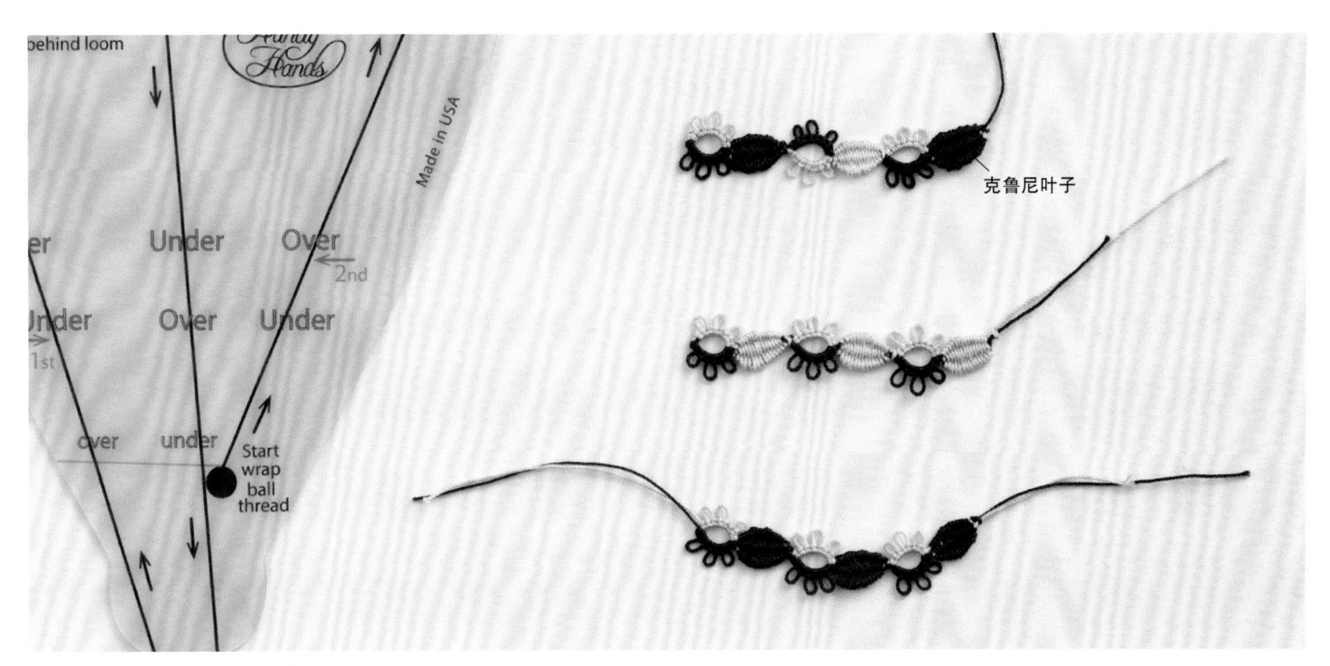

由分裂环和克鲁尼叶子组成的饰边

饰边的编织符号图

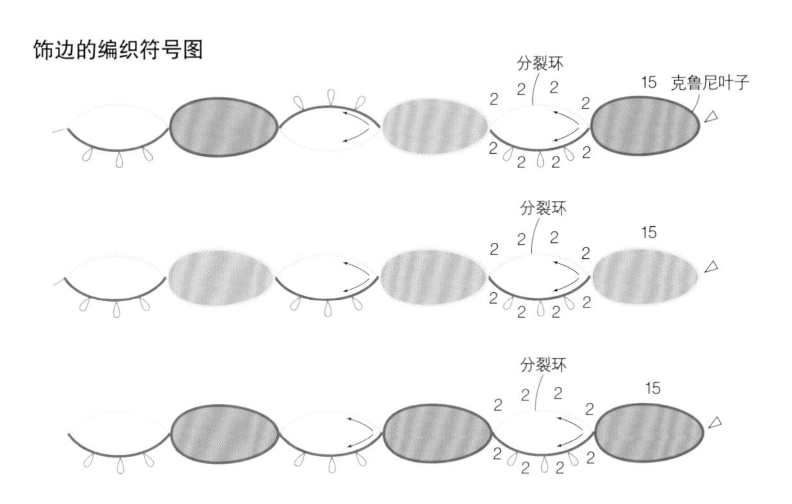

克鲁尼叶子(Cluny Leaf)的制作过程就像纺织。在左手上绕线制作编织的框架(相当于织布机)，用右侧的线在这些经线上编织出叶子形状(参照左下图)。就像棒槌蕾丝和编绳一样，也可以在木板上插好定位针，拉出经线后穿梭编织。不管用哪种方法，不方便穿梭子时也可以使用手缝针。最近，如右下图所示，也出现了编织克鲁尼叶子专用的工具。按模板上的指示绕好经线后编织纬线即可，不过要编织出叶子的形状，手的松紧度非常重要。

如箭头所示，以左手的拇指和食指为起点，按①中指~无名指、②无名指~小指、③小指的顺序绕线。用夹子夹住下方线重叠的位置。取另一根线，如箭头所示在线与线之间穿梭子(也可以用手缝针)，重复❶和❷。编织时注意将中间调整得宽一点。最后按顺序将线收紧

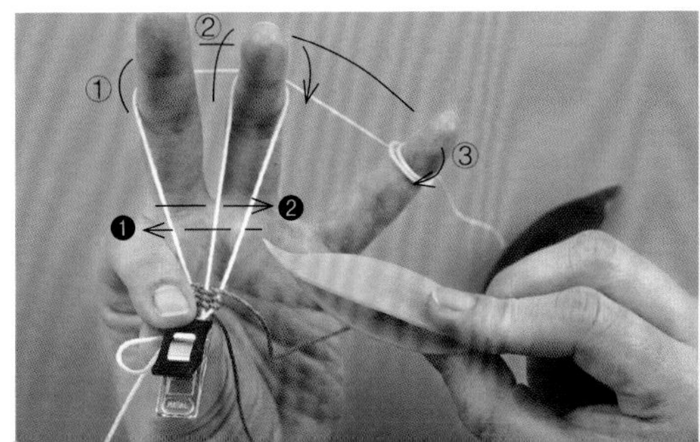

使用工具就可以简单完成

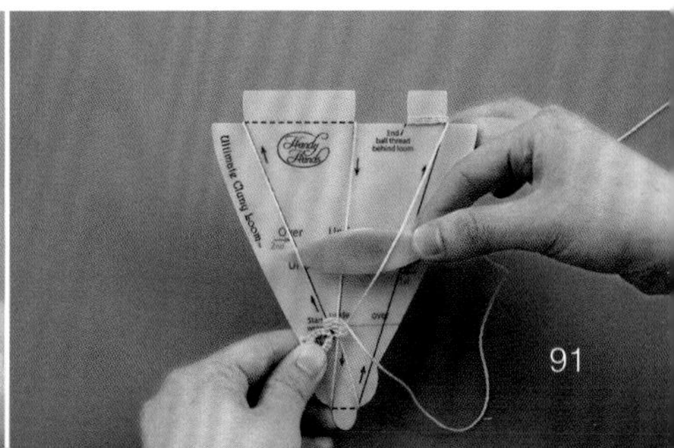

红色的连接花片(小、中、大)

这是由环和桥连接成的简单花片。比较一下不同粗细的线编织的效果吧。

使用线：Olympus 梭编蕾丝线<细>、<中>、<粗>
制作方法：p.93

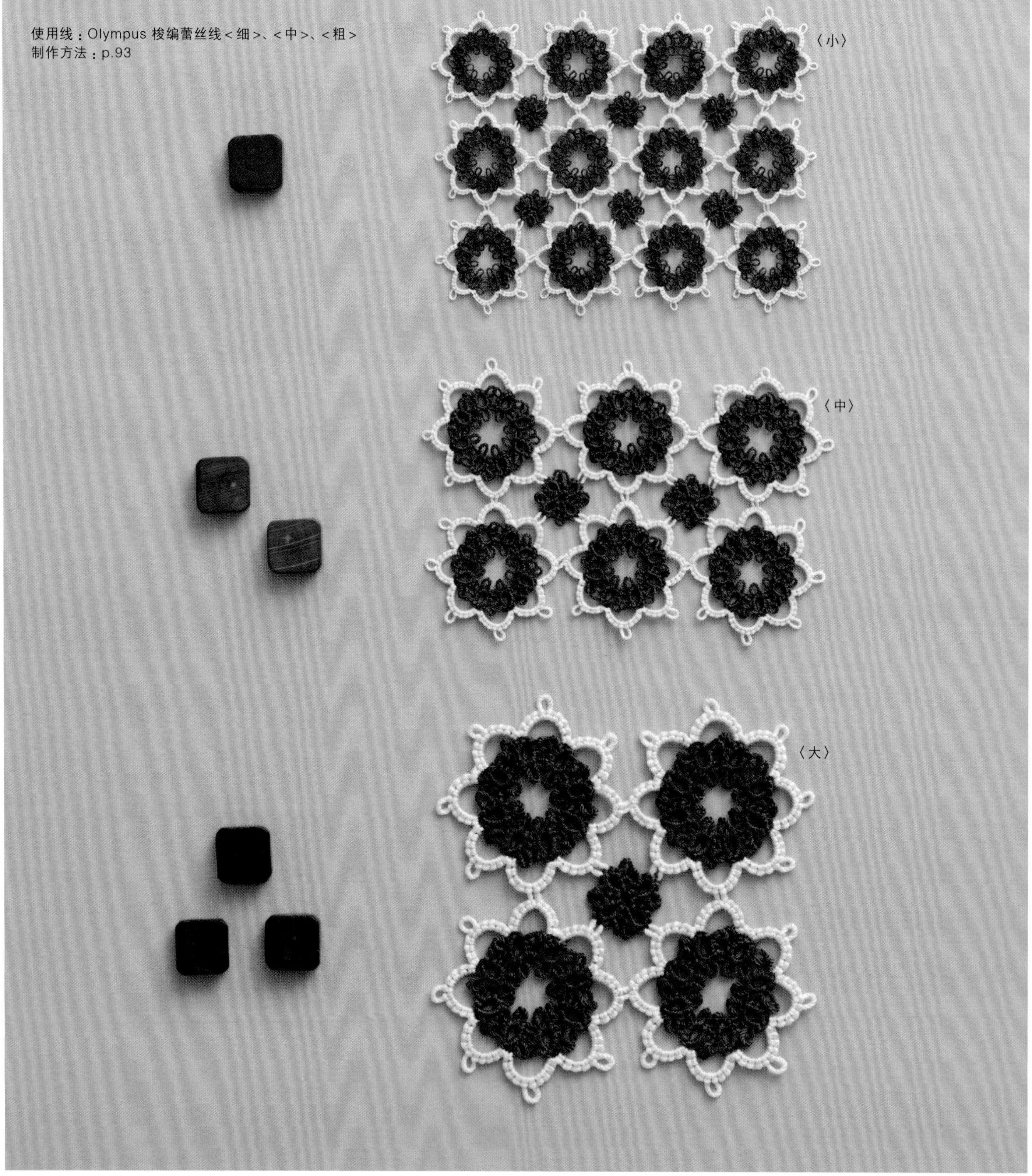

〈小〉

〈中〉

〈大〉

红色的连接花片（小、中、大）…p.92

[材料和工具]

使用线：Olympus <小>梭编蕾丝线<细> 深红色（T115）、原白色（T103），<中>梭编蕾丝线<中> 深红色（T215）、原白色（T203），<大>梭编蕾丝线<粗> 深红色（T315）、原白色（T303）

工具：1个梭子

[成品尺寸] 参照图示

[要领]

编织环和桥制作花片。从第2个花片开始，一边编织一边与相邻的花片做接耳。在连接花片A形成的空隙中编织花片B。

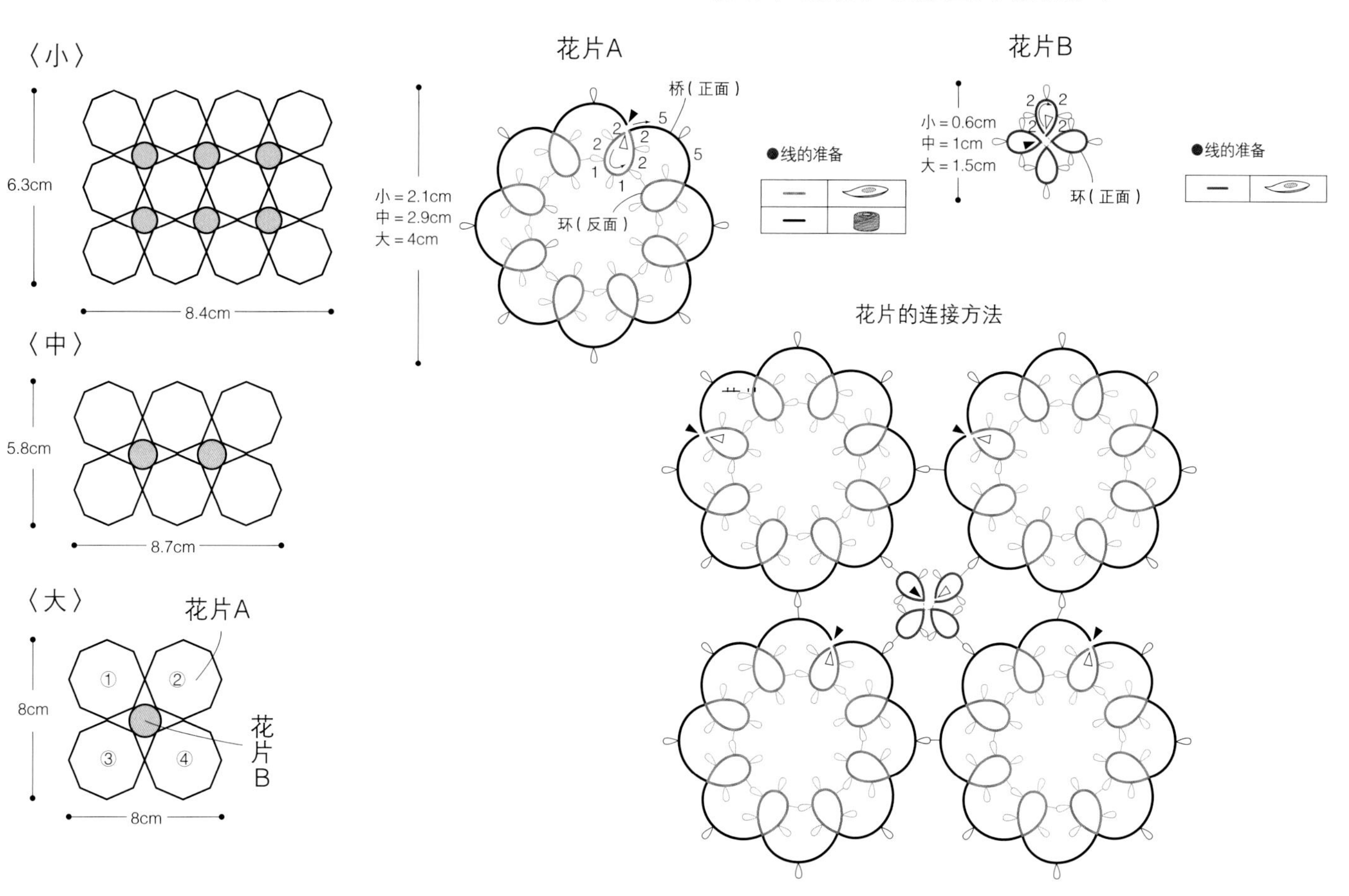

各种饰边…p.94、p.95

饰边1

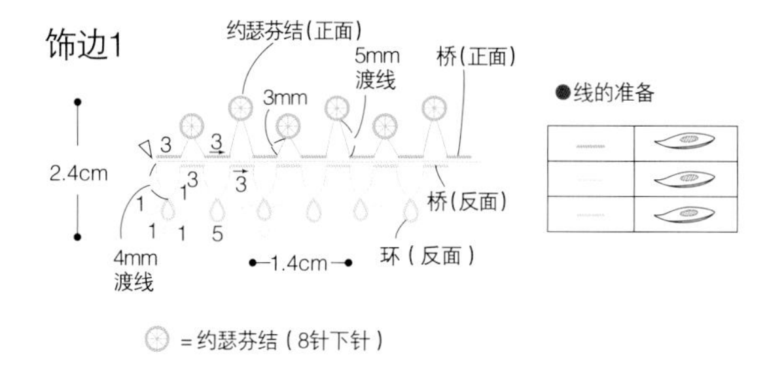

饰边2

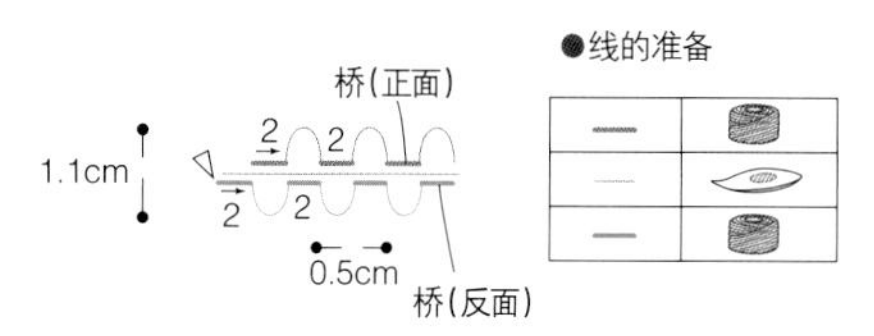

饰边3

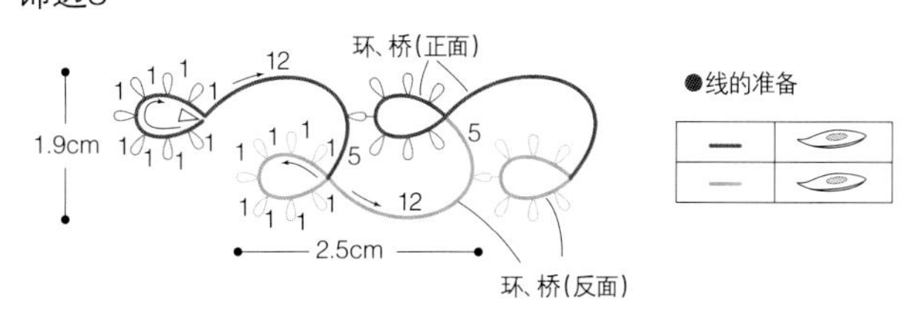

饰边4

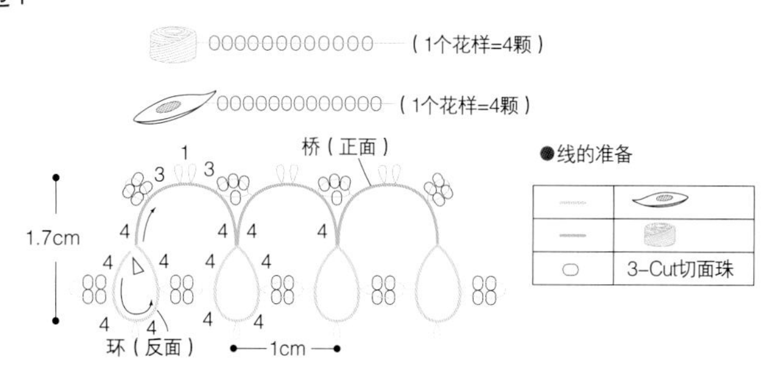

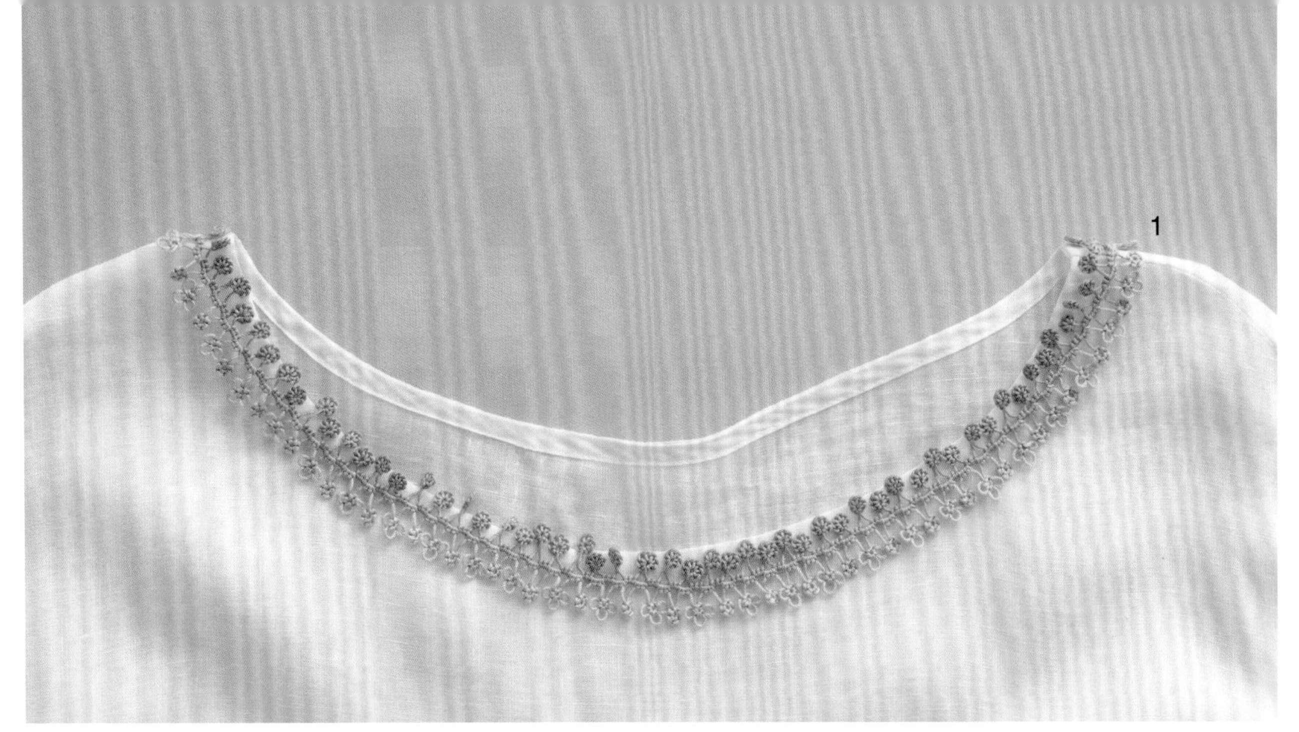

各种饰边

饰边1（衬衫）
使用3个梭子和粗一点的线编织而成的饰边比较自然休闲。装饰在衬衫或T恤的领口真是太适合不过了。

使用线：Olympus Emmy Grande <Herbs>
蓝色（341）、绿色（273）
制作方法：p.67、p.93

饰边2（手提包）
使用1个梭子和2个线团的线编织。设计简约的手提包也因为细腻的饰边显得精致不少。作品中将饰边缝成了一条直线，大家也可以发挥创意，缝成曲线等形状。

使用线：Olympus Emmy Grande <Herbs>
粉红色（141）、浅茶色（814）
制作方法：p.66、p.93

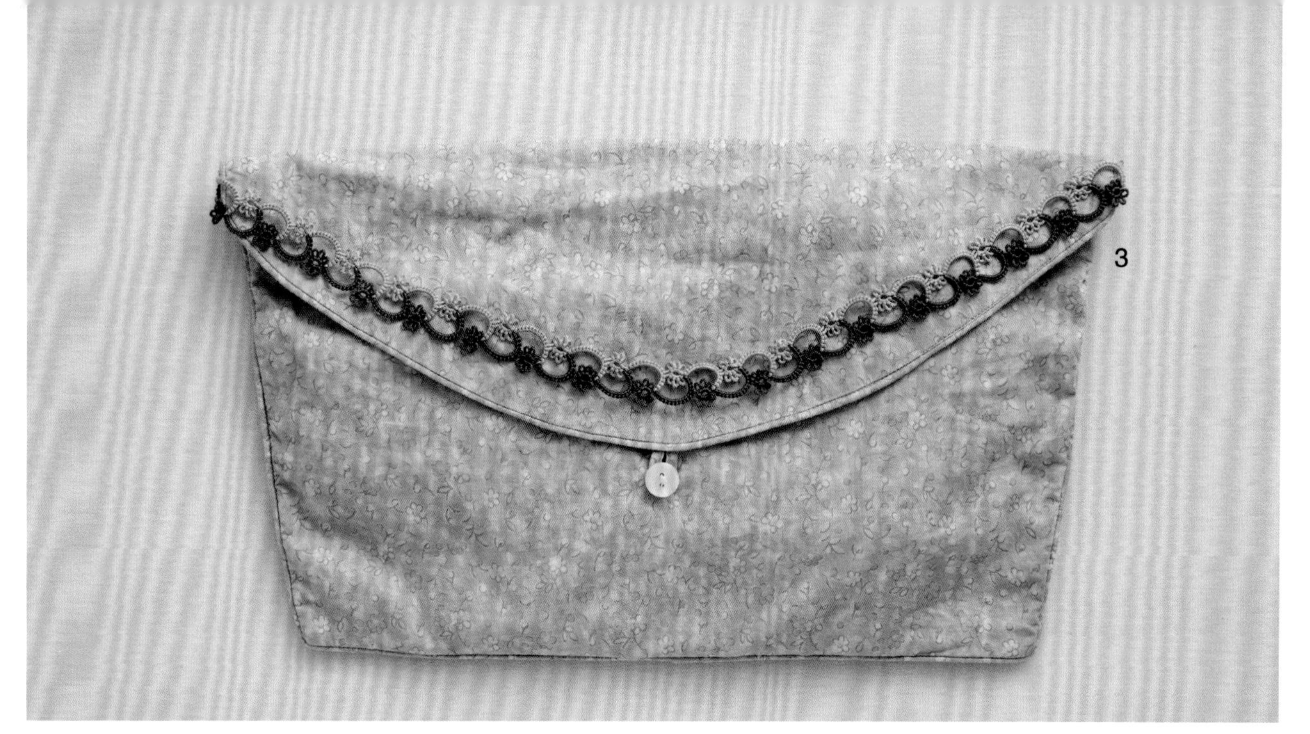

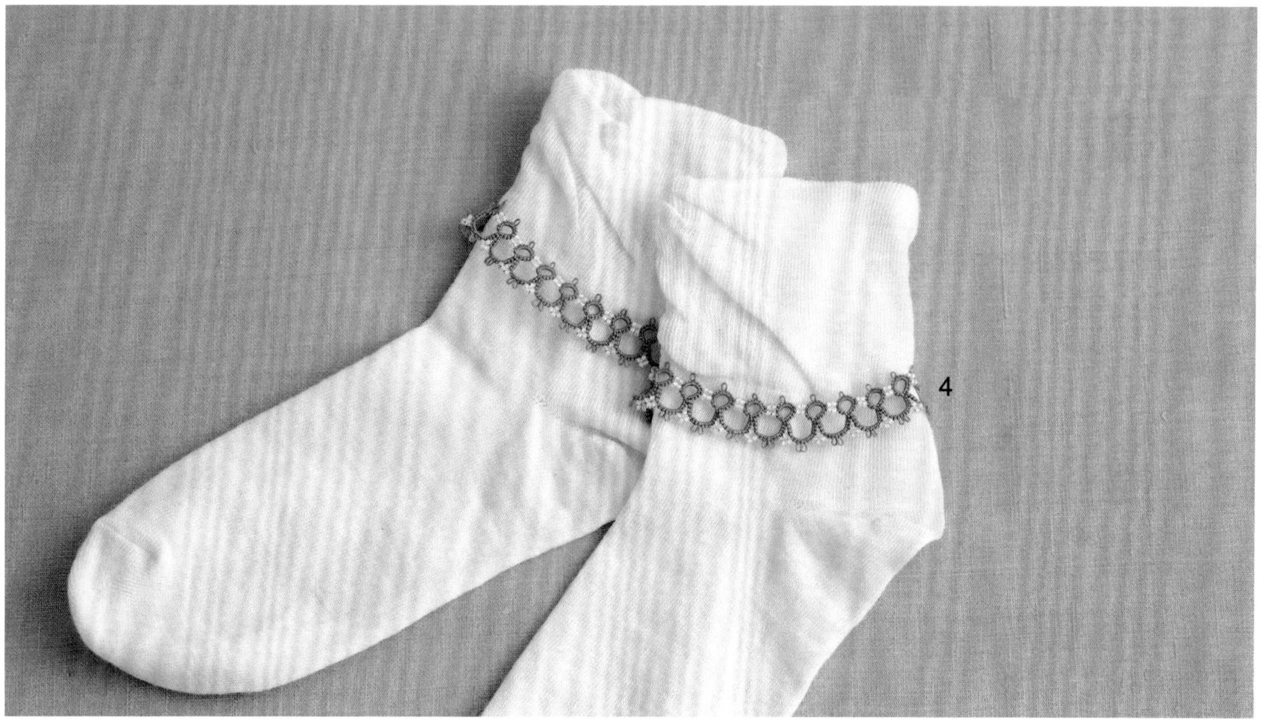

饰边3（收纳包）

运用本书介绍的“环和桥”的技法编织而成，可爱的饰边立体感十足。沿着收纳包包盖的弧线将饰边缝在包盖上。

使用线：Olympus Emmy Grande <Herbs>
深棕色（745）、浅茶色（814）
制作方法：p.41、p.93

饰边4（袜子）

在耳上穿入串珠的饰边套在纯白色的袜子上，翠蓝色和白色的搭配给人清爽的感觉。

使用线：Lizbeth 20号 翠蓝色（661）
串珠：TOHO 3-Cut切面珠 白色（CR-194）
制作方法：p.77、p.93

黑色项链和手链

这两款黑色的饰品散发着华丽的光泽。黑色是最适合成熟女性的颜色。我也感觉终于找到了适合自己的颜色。

使用线：Lizbeth 20号
制作方法：p.97

黑色手链 …p.96

[材料和工具]
使用线：Lizbeth 20号 黑色(604)6.7m
串珠：TOHO 3-Cut 切面珠 灰色(CR-113)140颗
其他：TOHO 金属扣组件(含连接环)α4221 银色 1组
工具：2个梭子
[**成品尺寸**]长34cm

[要领]
在梭子上绕好线，穿入140颗串珠。接着，将线头穿入另一个梭子，打结后绕好线。将穿在中间的串珠分成105颗和35颗两部分。参照p.83，一边编织环和分裂环一边穿入串珠。最后在编织起点和编织终点安装金属扣(项链金属配件)。(参照p.81)

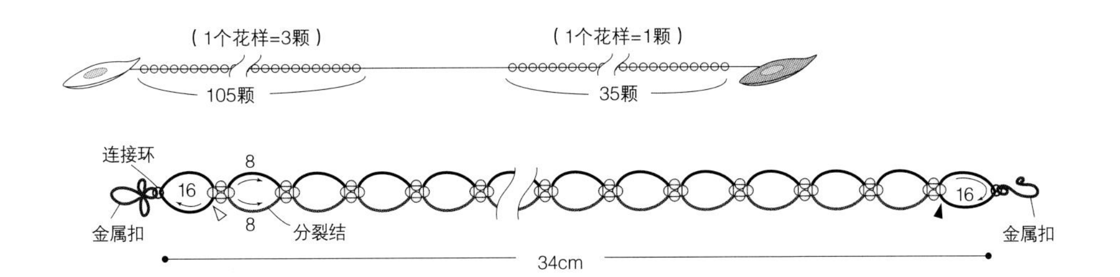

●线的准备

—		3.7m
—		3m
○	串珠 140 颗	

※使用连在一起的2个梭子开始编织

长款项链 …p.17 黑色项链 …p.96

[材料和工具]
长款项链 使用线：Lizbeth 20号 紫色(682) 22m
串珠：TOHO 3-Cut 切面珠 紫色(CR-425) 903颗、施华洛世奇 4mm 玫红色 300颗
其他：TOHO 金属扣组件(含连接环)α4224 古金色 1组、包线扣 α535 古金色 2个
工具：1个梭子
黑色项链 使用线：Lizbeth 20号 黑色(604)8.7m
串珠：TOHO 3-Cut 切面珠 灰色(CR-113)240颗、施华洛世奇 4mm 黑色 79颗
其他：TOHO 金属扣组件(含连接环)α4224 银色 1组、包线扣 9-4-1 银色 2个
工具：1个梭子
[**成品尺寸**]参照图示

[要领]
预先在梭子上绕好线，分别在线团的线中穿入指定颗数的串珠后开始编织。参照p.81，用3根线一边编织一边穿入串珠。最后在编织起点和编织终点安装金属扣(项链金属配件)。(参照p.81)

长款项链

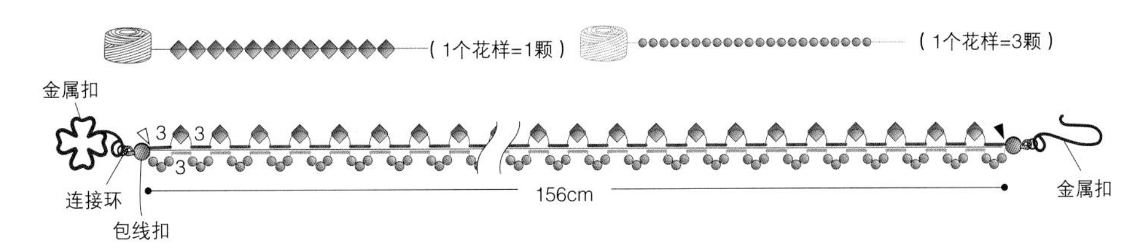

黑色项链

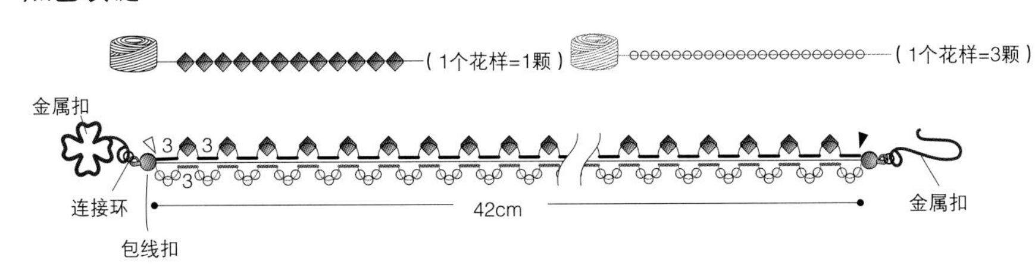

●线的准备

—		12m	—		4m
—		2m	—		70cm
—		10m	—		4m
◆	施华洛世奇 300 颗		◆	施华洛世奇 79 颗	
●	3-Cut 切面珠 903 颗		○	3-Cut 切面珠 240 颗	

漩涡状小花片的项链和手链

在环的周围一圈一圈地编织桥制作成小花片。再将小花片与链子和珍珠等不同材质进行组合，作品显得更加精致迷人。

使用线：Lizbeth 20号
制作方法：p.99

漩涡状小花片的项链和手链…p.98

[材料和工具]

项链 使用线：Lizbeth 20号 蓝色系段染（164）约22m

串珠：TOHO古董珠 白色（A-121）324颗

其他：链子 39.2cm、OT扣 1组、连接环 19个

手链 使用线：Lizbeth 20号 蓝色系段染（164）约14m

串珠：TOHO 直径4mm的珍珠 白色（200）6颗

其他：TOHO 金属扣组件（含连接环）α4440 古银色 1组、

蕾丝钩针 12号

工具：1个梭子

[成品尺寸] 参照图示

[要领]

项链：花片A在梭子上绕好线后编织环，翻至正面编织桥。在前一圈的耳上做重叠接耳，一边制作小耳一边继续编织。参照图示，桥的针数逐圈增加，最后一圈在编织起点位置制作耳用于安装连接环。花片B预先在线上穿入串珠后开始编织。在每个耳上穿入6颗串珠，将针目的反面用作正面。参照图示组合成项链。

手链：按项链的花片A相同要领编织，参照p.79用蕾丝钩针在耳上穿入串珠后与下一个花片做连接。最后参照图示安装连接环和OT扣。

项链

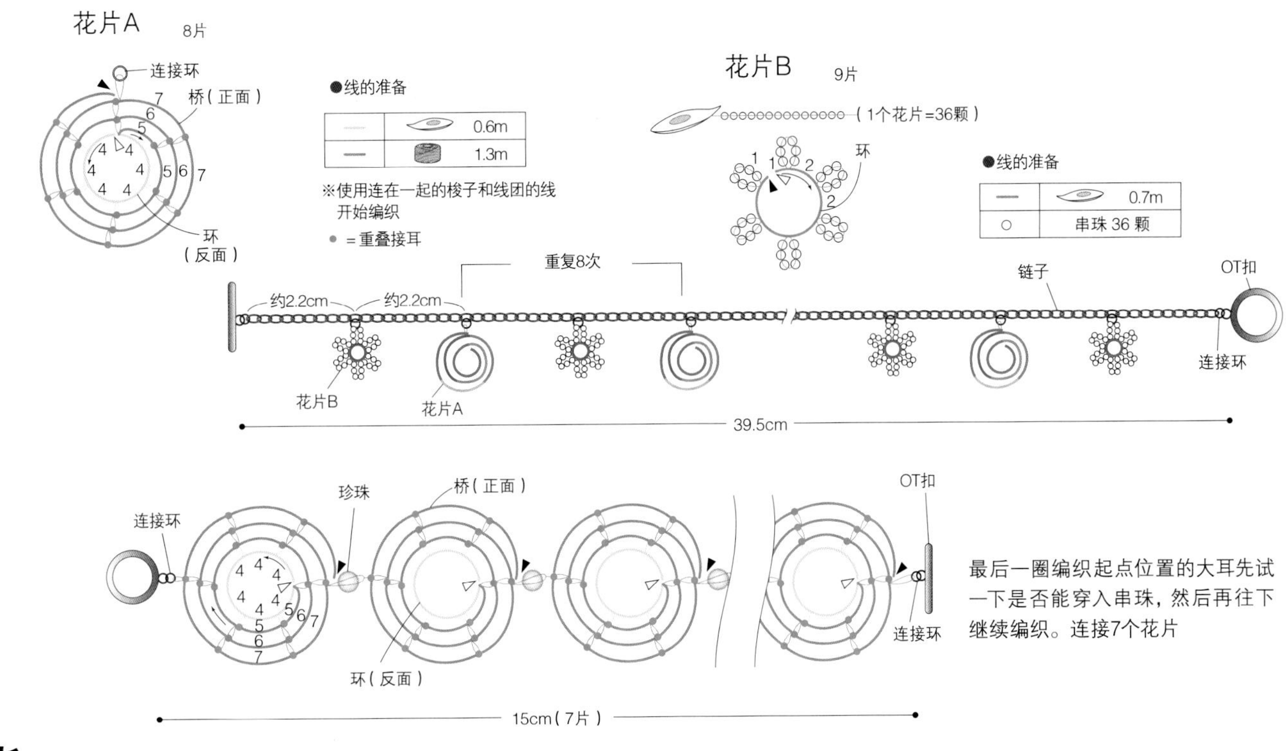

戒指…p.17

[材料和工具]

使用线：Lizbeth 20号 紫色（682）6.5m

串珠：TOHO 3-Cut切面珠 紫色（CR-425）90颗、施华洛世奇 6mm 玫红色 3颗

其他：莲蓬头网盘戒指配件 15mm 1组

工具：1个梭子

[成品尺寸] 直径约2cm

[要领]

预先在梭子上绕好线。参照p.26编织5个花片A。花片B参照p.75，先在左手的线环中移入串珠，在每个耳上穿入6颗串珠，再在花片中心穿入直径6mm的施华洛世奇串珠。利用花片编织起点和编织终点的线头分别将花片错落有致地系在戒指的莲蓬头网盘上。

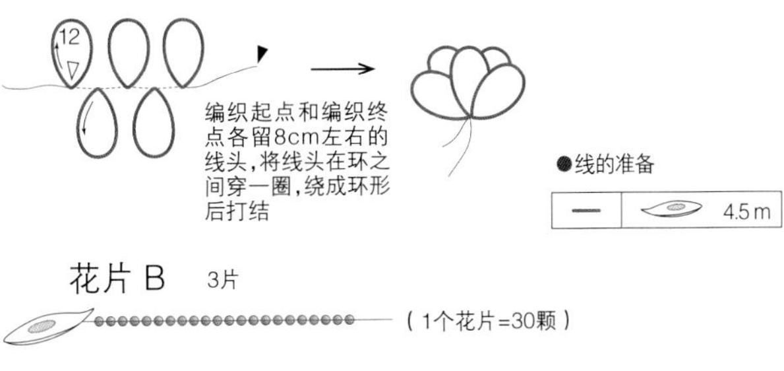

将花片A、B的线头错落有致地穿入莲蓬头网盘上，在反面打结系紧，涂上胶水固定

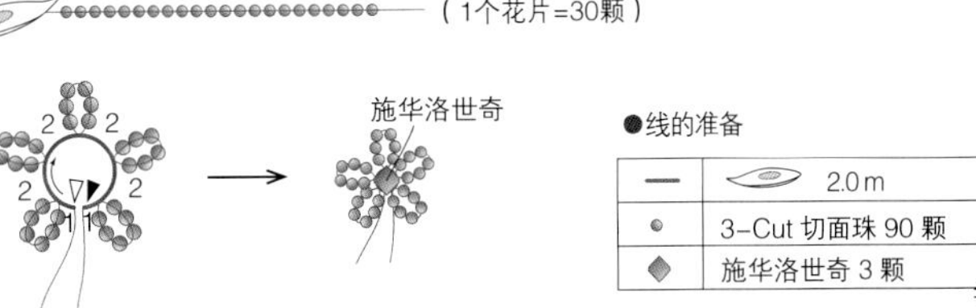

留出8cm左右的线头

在花片中心穿入施华洛世奇串珠并穿入线头，从中心穿至反面，打结

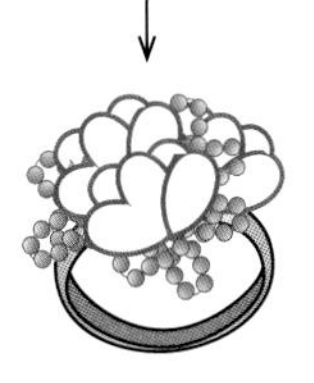

将莲蓬头网盘嵌入戒指主体

白色小花项链和耳环

用白色线编织的花片仿佛可爱的花朵绽蕊怒放，桥与桥叠加交叉，还穿入了串珠。许多耳相互簇拥的小花片也非常讨人喜欢。

使用线：Olympus 梭编蕾丝线 < 中 >
制作方法：p.101

白色小花项链和耳环 …p.100

[**材料和工具**]

项链 使用线：Olympus 梭编蕾丝线〈中〉白色（T201）约34m

串珠：TOHO 小号圆珠 银色（21）432颗

其他：TOHO 金属扣组件（含圆环）α4223 银色 1组、连接环5mm×4mm 9-6-2S 银色 18个、子母链 α667 银色 34cm

耳环 使用线：Olympus 梭编蕾丝线〈中〉白色（T201）约6.5m

串珠：TOHO 小号圆珠 银色（21）48颗

其他：TOHO 连接环 5mm×4mm 9-6-2S 银色 10个、耳钩 1组

工具：2个梭子

[**成品尺寸**]参照图示

[**要领**]

项链：编织指定数量的花片A、花片B、花片C。花片B和花片C都可以使用连在一起的梭子和线团开始编织。花片C需要加入串珠，预先在线团的线上穿入要加在桥上的串珠，在梭子的线上穿入要加在环上的串珠，然后参照p.69编织。花片编织完成后，安装连接环和链子。

耳环：按项链相同要领编织花片，最后安装连接环和耳钩。

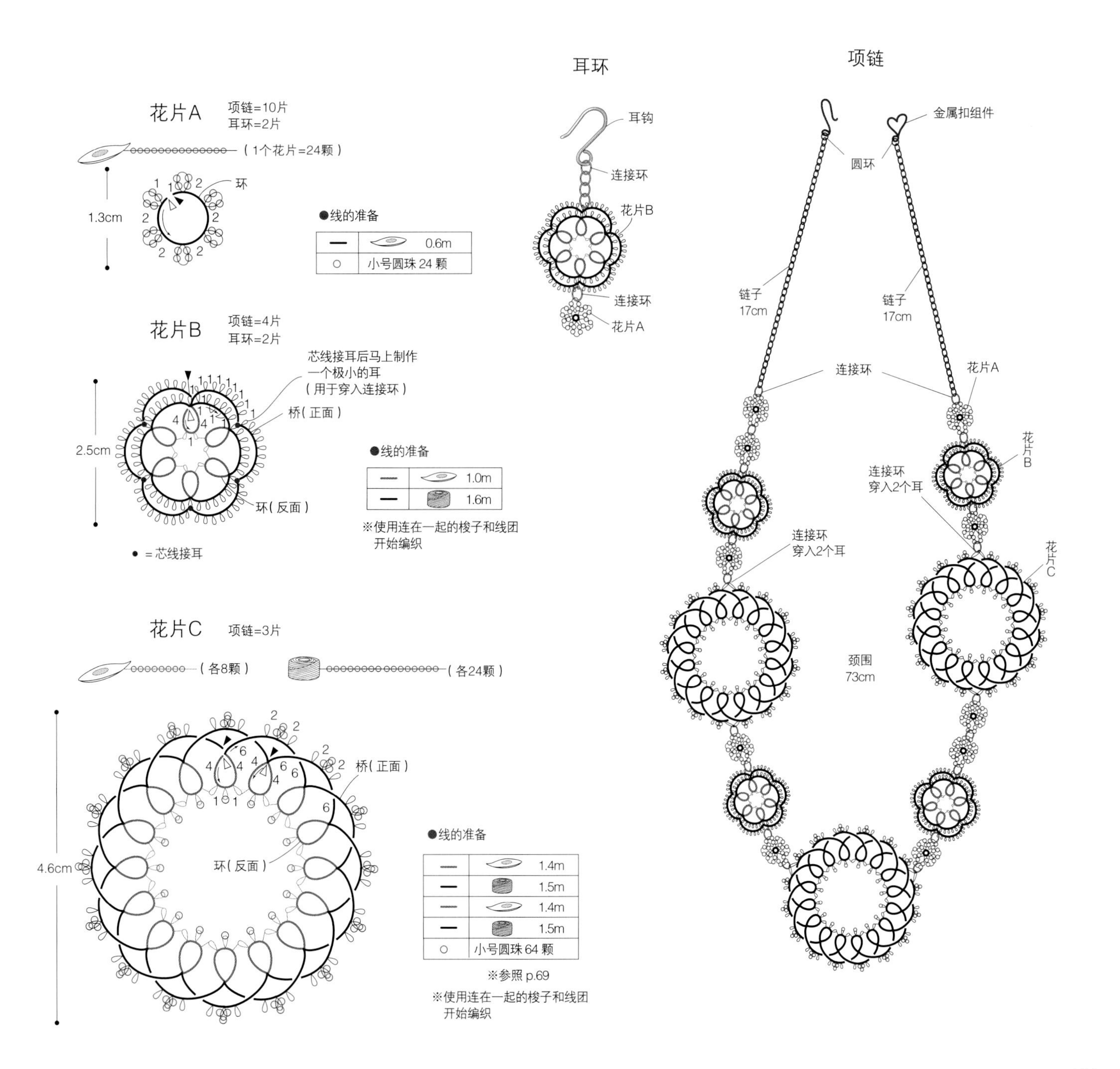

蕾丝垫“巴塞罗那之梦”

西班牙器皿上的图案非常吸引人，这款垫子就是以上面的图案为原型设计的，所以取名为“巴塞罗那之梦”。注意与编织起点的连接位置！

使用线：Lizbeth 40号
制作方法：p.103

配色互换后也非常漂亮

蕾丝垫“巴塞罗那之梦” …p.102

[材料和工具]

使用线：Lizbeth 40号 翠蓝色(661)8.5g、抹茶色(684)约4g

工具：2个梭子

[成品尺寸] 直径25cm

[要领]

在梭子上绕好线，编织13个第①圈的花片A，第②、③圈使用2个梭子编织。第④圈一边编织花片B一边与第③圈以及花片A做连接。第⑤圈编织花片B，并与花片A的外侧做连接。

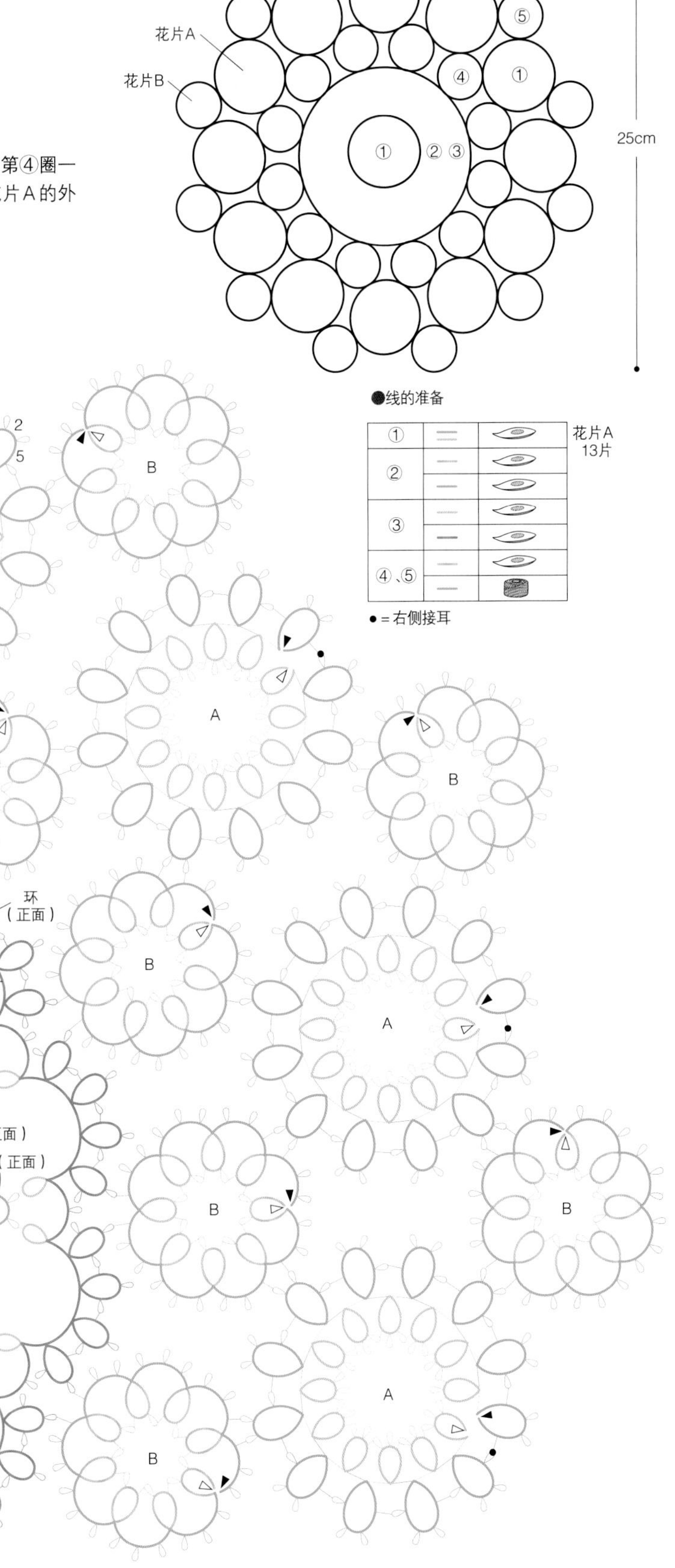

满天星花簇

花片连接处形成满天星的花环，可爱极了。一边编织一边连接，大小可以自由变换，这就是连接花片的好处。

使用线：DMC Cebelia 30号
制作方法：p.105

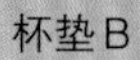
杯垫B

装饰垫

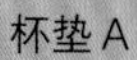
杯垫A

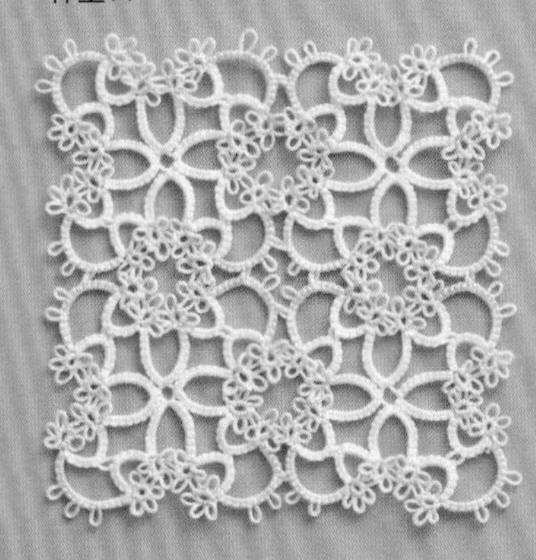

满天星花簇…p.104

[材料和工具]

使用线：DMC Cebelia 30号 装饰垫和杯垫B 浅茶色(842)、白色(BLANC)，杯垫A 原白色(712)、白色(BLANC)

工具：2个梭子

[成品尺寸] 参照图示

[要领]

分别将线绕在梭子上，用绕着白色线或原白色线的梭子从环开始编织。翻至反面，加上浅茶色线或白色线编织桥。在桥的指定位置制作一个稍大的耳，后面编织的3个桥都与该耳做连接。编织4个环后交换梭子编织桥。重复以上操作编织花片。从第2个花片开始，参照图示一边接耳一边继续编织。

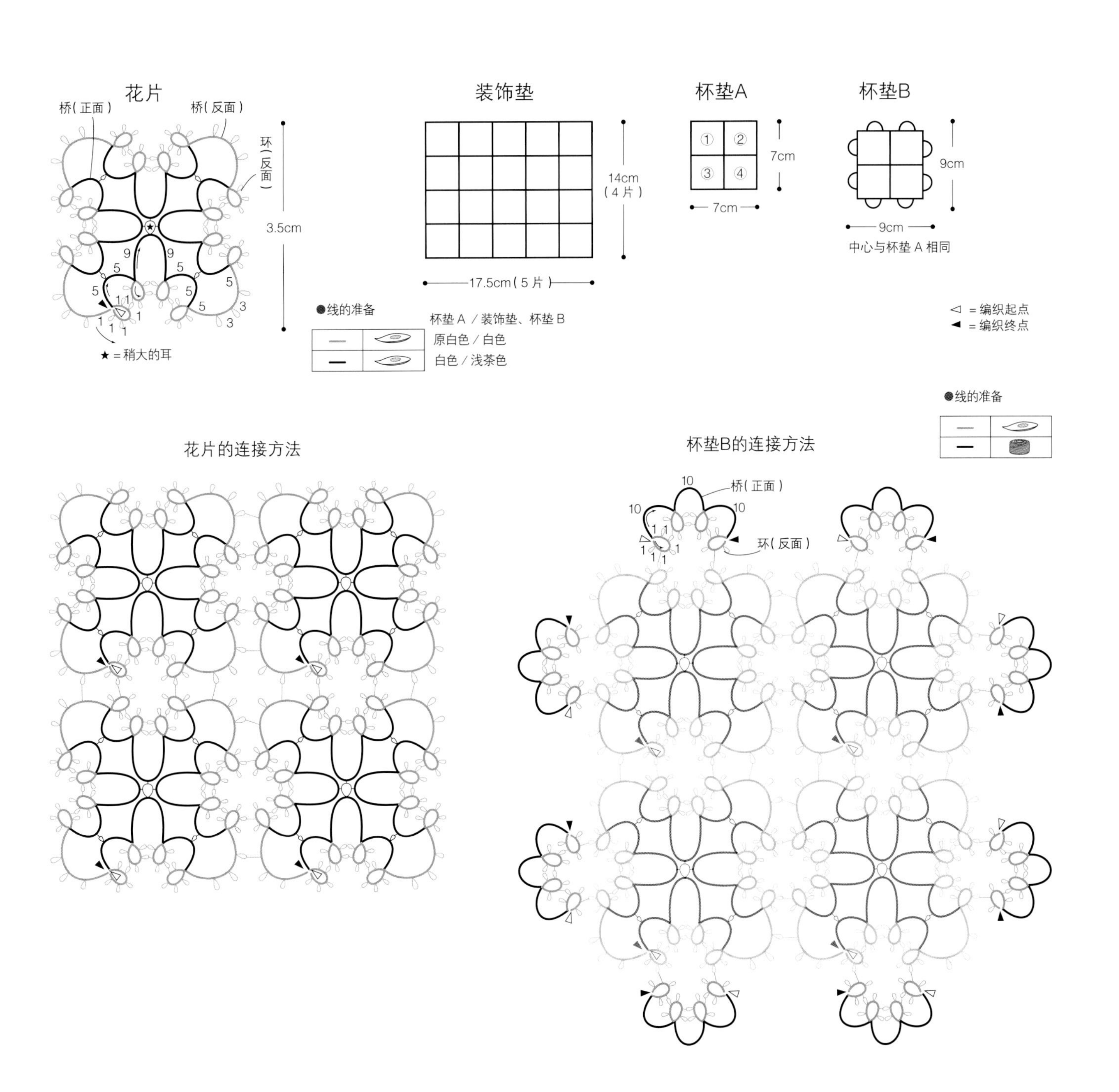

雅致的装饰垫

这是母亲传授的花样，中心的长耳尤其别致。虽然技巧上有较大的难度，但是如果编织得恰到好处，作品会非常精美！素雅的薄荷绿色极具现代气息。

使用线：DARUMA 60号蕾丝线
制作方法：p.107

雅致的装饰垫…p.106

[**材料和工具**]
使用线：DARUMA 60号蕾丝线 薄荷绿色(3)10g
工具：2个梭子
[**成品尺寸**] 边长22cm
[**要领**]
将线分头绕在2个梭子上，别上回形针等制作一个小耳后开始编织。第①圈参照图示编织分裂环，圈末在回形针制作的小耳中做芯线接耳。接着编织第②圈的桥时，将第①圈的耳扭转4次后再做接耳。一边制作小耳一边继续编织。第②圈结束时将线剪断。第③、④、⑤圈参照符号图编织。编织第⑥圈时，注意与相邻花片做连接的地方和不做连接的地方是不同的。从第2个花片开始，在最后一圈一边与相邻花片做连接一边继续编织。

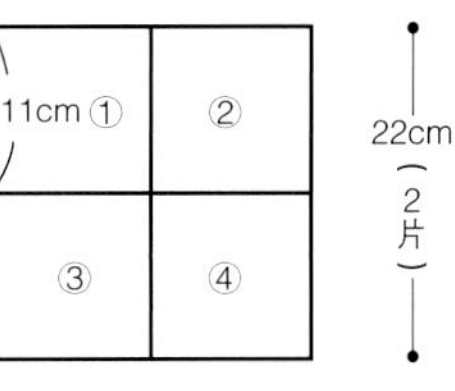

● = 重叠接耳
● = 芯线接耳
★ = 交换梭子

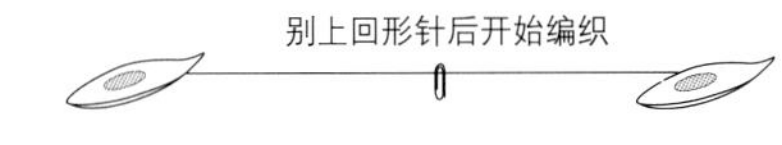

●线的准备

①、②	0.6～2.5m	
③	0.5～1.3m	
④	0.9～5m	
⑤	1.4～4.7m	
⑥	2.8～7m	

花片的连接方法

—— = 正面
—— = 反面、分裂结

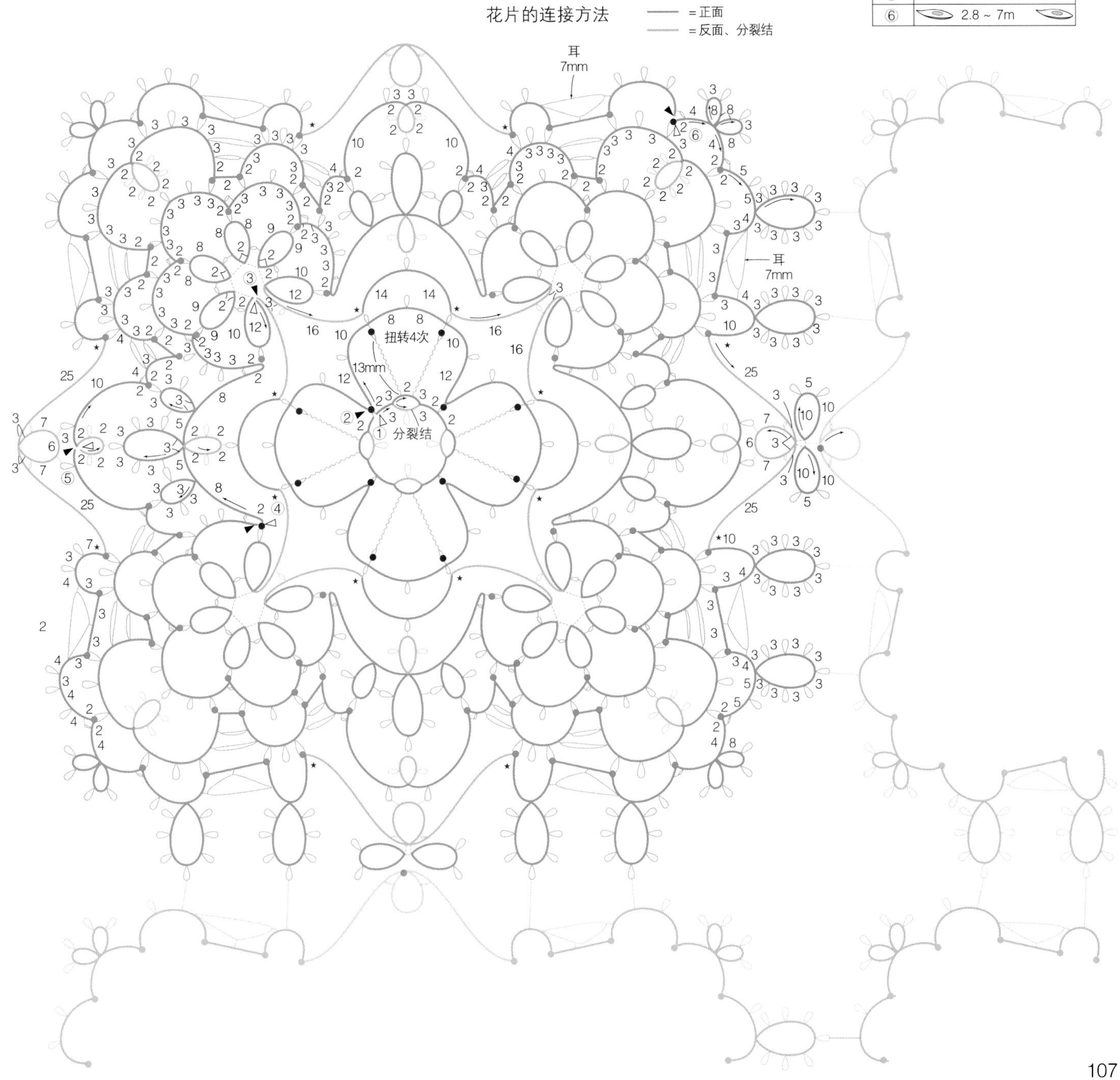

万花筒花样的披肩

随着连接花片的增多，慢慢呈现出万花筒般的花样。
这件披肩扣上扣子还可以用作短上衣。

使用线：Olympus 金票40号蕾丝线
制作方法：p.109

万花筒花样的披肩 …p.108

[材料和工具]
使用线：Olympus 金票40号蕾丝线 白色(801)约90g
其他：直径15mm的纽扣4颗、直径7mm的垫扣4颗
工具：2个梭子
[成品尺寸] 宽42.4cm、长127.4cm
[要领]
参照p.44编织花片。从第2个花片开始，一边与相邻花片做连接一边继续编织。编织并连接114个花片后，在周围编织1圈的边缘。在指定位置缝上纽扣，利用花样的空隙作为扣眼。

●线的准备

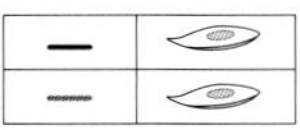

● = 芯线接耳
● = 右侧接耳
※使用连在一起的2个梭子开始编织

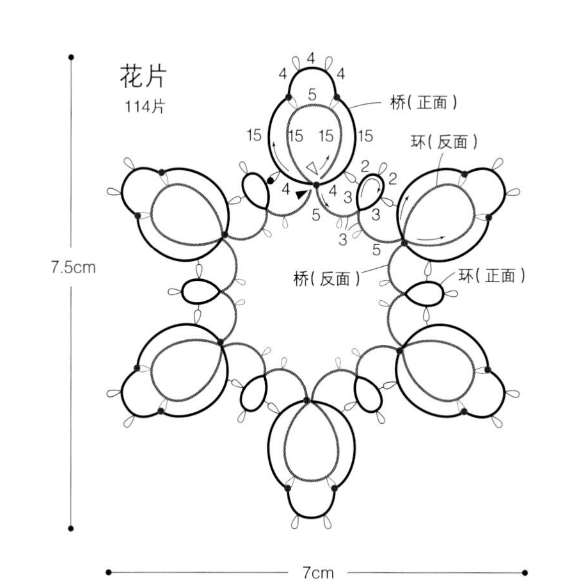

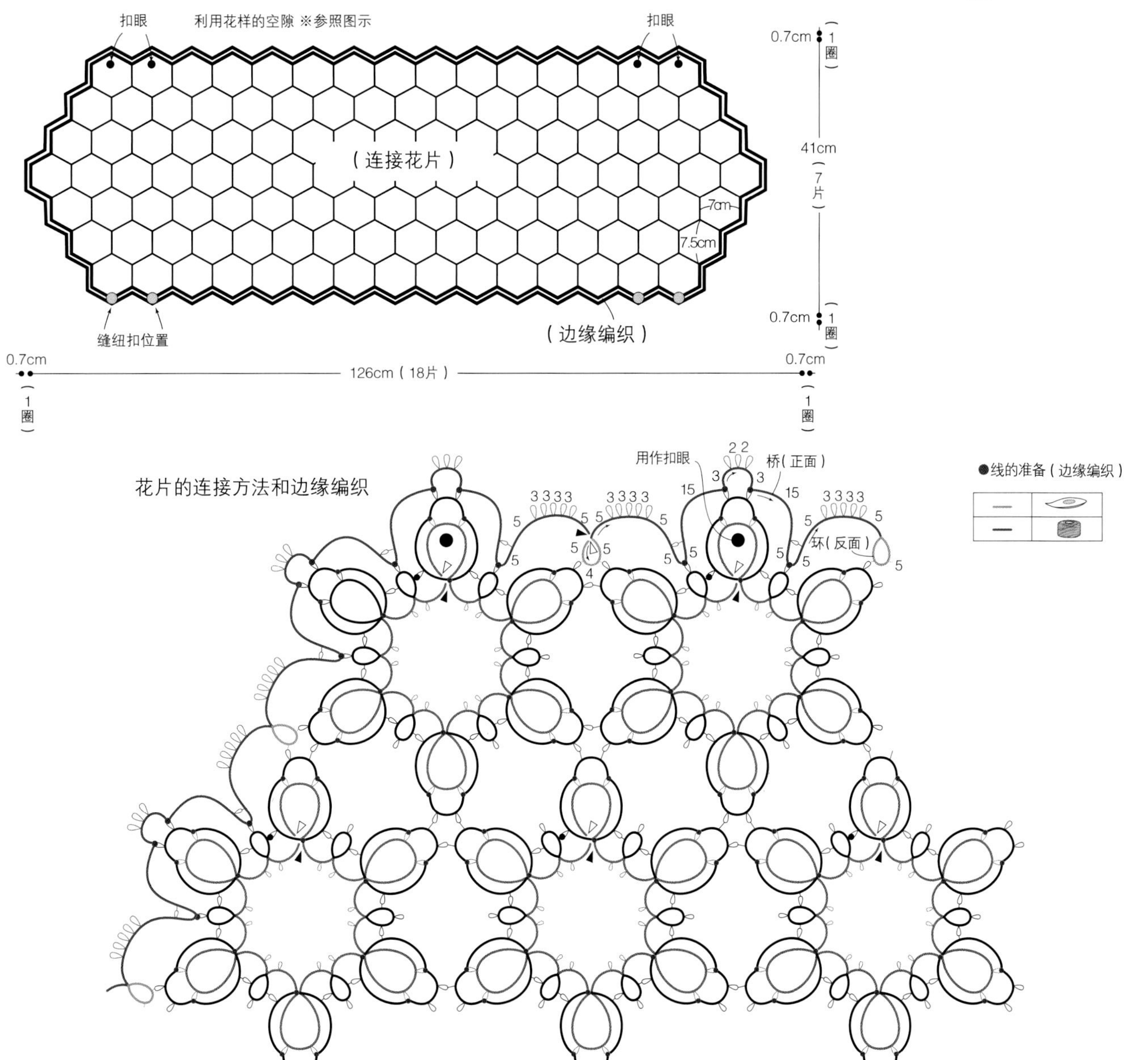

河南科学技术出版社
精品图书推荐

小巾绣图典
数纱刺子绣作品和图案集
THE ULTIMATE
KOGIN
COLLECTION

hikaru noguchi
妙手生花
野口光的神奇衣物织补术
darning
repair
make

The beautiful world of flower stumpworks
美丽绽放的立体花朵刺绣

青木和子
四季
花草刺绣
EMBROIDERY OF SEASONAL FLOWERS

BOTANICAL EMBROIDERY
植物刺绣手帖

从基础到应用
棒槌蕾丝编织入门教程
Bobbin Lace

动物刺绣物语
20种针法
26款原大图案和制作方法

PieniSieni
小蘑菇的植物刺绣

巴拉圭的
七彩蛛网蕾丝刺绣
传统花样与制作方法

可爱的梭编蕾丝小饰物
Tatting Lace Accessories
108种

一学就会的蕾丝入门教程
盛本知子梭编蕾丝教程

河南科学技术出版社
最新上市图书推荐

针梭蕾丝
入门教程
Needle Tatting Lace

值得珍藏的
梭编蕾丝小物

感受复古蕾丝的魅力
花草主题
梭编蕾丝

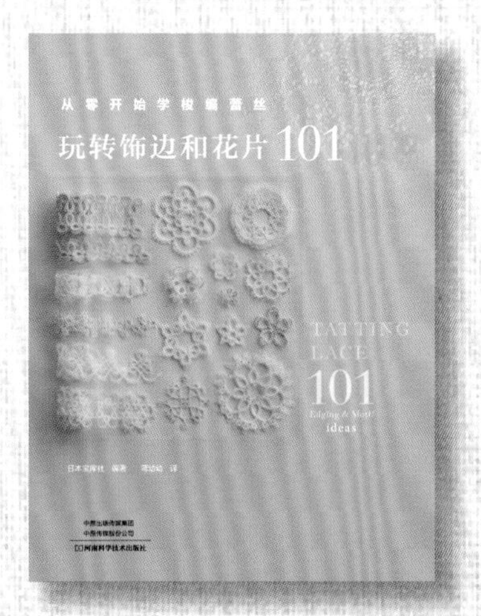
从零开始学梭编蕾丝
玩转饰边和花片101
TATTING
LACE
101
ideas

Tatting Lace
美丽的
梭编蕾丝
180款
唯美作品大集锦

作者简介

盛本知子(Tomoko Morimoto)

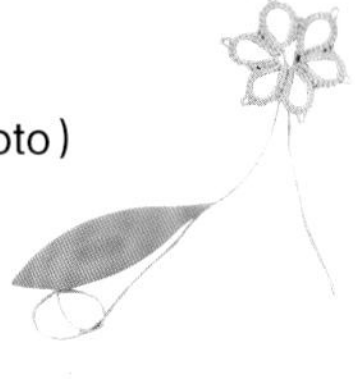

从幼年开始，就受到梭编蕾丝艺术家的母亲藤户祯子的耳濡目染，掌握了扎实的梭编技术。从传统的蕾丝到配色新颖可爱的日常蕾丝用品，设计的范围非常广泛。在NHK文化中心、霞丘技艺学院和宝库学园等机构都开设了讲座。著作有《盛本知子梭编蕾丝教程》(河南科学技术出版社出版)。
此外，还担任(公益财团法人)日本编物检定协会的技术委员。

备案号：豫著许可备字-2018-A-0115

图书在版编目（CIP）数据

盛本知子最详尽的梭编蕾丝入门教程 /（日）盛本知子著；蒋幼幼译. —郑州：河南科学技术出版社，2021.6
ISBN 978-7-5725-0273-6

Ⅰ.①盛… Ⅱ.①盛… ②蒋… Ⅲ.①钩针—编织 Ⅳ.①TS935.521

中国版本图书馆CIP数据核字(2021)第048541号

出版发行：河南科学技术出版社
地址：郑州市郑东新区祥盛街27号 邮编：450016
电话：（0371）65737028 65788613
网址：www.hnstp.cn
策划编辑：刘 欣
责任编辑：刘 瑞
责任校对：马晓灿
封面设计：张 伟
责任印制：张艳芳
印 刷：北京盛通印刷股份有限公司
经 销：全国新华书店
开 本：889 mm × 1 194 mm 1/16 印张：7 字数：180千字
版 次：2021年6月第1版 2021年6月第1次印刷
定 价：49.00元

如发现印、装质量问题，影响阅读，请与出版社联系并调换。